# FUNDAMENTOS DE CÁLCULO NUMÉRICO

**Adalberto Ayjara Dornelles Filho**

Possui graduação em Licenciatura em Física e mestrado em Matemática Aplicada pela Universidade Federal do Rio Grande do Sul e especializações em Estatística Aplicada pela Universidade de Caxias do Sul e pela Pontifícia Universidade Católica do Rio Grande do Sul. É professor da Área de Matemática e Estatística da Universidade de Caxias do Sul.



D713f Dornelles Filho, Adalberto Ayjara.
Fundamentos de cálculo numérico / Adalberto Ayjara Dornelles Filho. – Porto Alegre : Bookman, 2016.
ix, 181 p. : il. ; 25 cm.

ISBN 978-85-8260-384-0

1. Matemática. 2. Cálculo numérico - Fundamentos. I. Título.

CDU 51-3

Catalogação na publicação: Poliana Sanchez de Araujo – CRB 10/2094

Adalberto Ayjara
DORNELLES FILHO

# FUNDAMENTOS DE CÁLCULO NUMÉRICO

bookman

2016

Gerente editorial: *Arysinha Jacques Affonso*

*Colaboraram nesta edição:*

Editora: *Denise Weber Nowaczyk*

Capa: *Márcio Monticelli*

Editoração: *Techbooks*

Reservados todos os direitos de publicação, em língua portuguesa, à
BOOKMAN EDITORA LTDA., uma empresa do GRUPO A EDUCAÇÃO S.A.
Av. Jerônimo de Ornelas, 670 – Santana
90040-340 – Porto Alegre – RS
Fone: (51) 3027-7000 Fax: (51) 3027-7070

Unidade São Paulo
Av. Embaixador Macedo Soares, 10.735 – Pavilhão 5 – Cond. Espace Center
Vila Anastácio – 05095-035 – São Paulo – SP
Fone: (11) 3665-1100 Fax: (11) 3667-1333

SAC 0800 703-3444 – www.grupoa.com.br



IMPRESSO NO BRASIL
*PRINTED IN BRAZIL*

# Apresentação

É cada vez mais frequente o uso de técnicas computacionais para a resolução de problemas nas ciências exatas e engenharias. Boa parte dessas técnicas requer o conhecimento dos fundamentos do Cálculo Numérico. Diante da importância dessa disciplina na formação de profissionais, as universidades a incluem em seus currículos (em intensidades muito variadas). Este livro é fruto de minha experiência como professor de Cálculo Numérico em cursos de graduação. O texto foi sendo aprimorado em resposta às necessidades e dificuldades de aprendizagem dos alunos. Assim, a leitura de *Fundamentos de Cálculo Numérico* é recomendada para o estudante que inicia seus estudos nessa disciplina.

No Capítulo 1, veremos uma explicação breve das funcionalidades básicas do software MATLAB (incluindo cálculo e programação). No Capítulo 2, apresentamos a forma de representação numérica bem como os conceitos de erro (de truncamento e arredondamento) inerentes aos processos computacionais. O estudo dos métodos numéricos propriamente ditos se inicia no Capítulo 3, com os métodos para determinar zeros de funções (bisseção e Newton). No Capítulo 4, estudamos métodos diretos (escalonamento de Gauss) e iterativos (Gauss-Jacobi e Gauss-Seidel) para a resolução de sistemas de equações lineares. No Capítulo 5, é abordado o problema da interpolação polinomial (Vandermonde e Lagrange) e por *spline* cúbico. Em seguida, no Capítulo 6, estudamos o método dos quadrados mínimos para ajuste de curvas polinomiais. O problema clássico da integração numérica é estudado no Capítulo 7, com a apresentação dos métodos de Newton-Cotes (regras simples, composta e adaptável) e por *spline* cúbico. Por fim, a resolução de equações diferenciais ordinárias é vista no Capítulo 8, a partir dos métodos de Euler e Runge-Kutta. No Apêndice A, são apresentadas respostas e dicas a problemas selecionados.

Existem *muitos* métodos disponíveis para resolver cada um dos problemas abordados. Para tornar o material suficientemente compacto para uso em sala de aula, tivemos que optar por apenas alguns deles. Seguindo a orientação de Burden e Faires (Burden; Faires, 2008), os métodos foram escolhidos conforme os seguintes critérios:

- Simplicidade: O desenvolvimento e a implementação são suficientemente claros e simples de modo que o estudante iniciante seja capaz de entender como funcionam;
- Desempenho: Os algoritmos resolvem satisfatoriamente boa quantidade de problemas que o estudante pode encontrar em sua vida profissional;

- Base: A maioria das técnicas mais avançadas toma por base as ideias, ou combinações de ideias, de métodos mais simples como os aqui estudados.

O leitor interessado em outros métodos pode (e deve) recorrer à literatura especializada como, por exemplo, Burden e Faires (2008), Campos Filho (2001), Chapra (2013), Gilat e Subramanian (2008), Mathews (1992) e Press et al. (2007).

Para complementar o entendimento da teoria, muitos problemas são propostos. Os problemas assinalados pelo símbolo ✎ indicam que eles são suficientemente simples para serem resolvidos à mão (com ajuda de uma calculadora, se for o caso) ou apresentam alguma resolução algébrica (não numérica). Esse tipo de problema é importante para que o estudante exercite passo a passo e absorva as *ideias* subjacentes aos métodos numéricos apresentados.

O estudo do Cálculo Numérico não pode ser realizado sem a efetiva implementação dos algoritmos em alguma linguagem de programação. Este livro enfatiza essa visão por meio dos exercícios propostos precedidos pelo símbolo ☞, que requerem a implementação dos algoritmos. Nesse sentido, é desejável o conhecimento de alguma *linguagem* de programação (o que nem sempre é o caso). Aos estudantes que já conhecem linguagens de programação, esta disciplina será uma excelente oportunidade de *aplicação* desse conhecimento. Aos que não o possuem, será uma excelente oportunidade de *aprendizagem* de tais linguagens.

A princípio, qualquer linguagem pode ser utilizada (C, Pascal, Java, Python, ...), desde que apresente os comandos matemáticos mínimos necessários. Por preferência pessoal, a linguagem sugerida neste livro é MATLAB, que, além de ser bastante popular, possui uma interface simples e intuitiva. Essa sugestão se reflete em duas características do texto: primeiramente, os algoritmos apresentados estão em pseudocódigo, de modo que o leitor possa implementá-los em sua linguagem de preferência. No entanto, estão escritos usando uma estrutura muito similar à estrutura do MATLAB, o que torna mais simples a sua implementação. Em segundo lugar, além do capítulo inicial, diversos parágrafos ao longo do texto mostram informações relativas ao uso e à implementação dos algoritmos no MATLAB. Para os exemplos mostrados nessas notas, foi utilizada a versão R2012a do software. Existem boas opções (livres) ao MATLAB, entre elas pode-se citar o Octave, o Scilab e o Freemat.

O autor agradece aos colegas Ana Grisa, Eliana S. Soares, Mônica Scotti, Oclide J. Dotto, Vania P. Slaviero, pelas correções, comentários e sugestões recebidas.

# Sumário

CAPÍTULO 1

# Introdução ao MATLAB

Neste capítulo, estudaremos brevemente algumas características e funcionalidades do MATLAB.

O MATLAB (acrônimo de *MATrix LABoratory*) é um software que permite ao usuário efetuar cálculos via digitação direta de comandos e construir programas que automatizem procedimentos de cálculo mais complexos. O MATLAB é uma ferramenta muito utilizada tanto no ambiente acadêmico (ensino, pesquisa, etc.) quanto no profissional (desenvolvimento de produtos, análise de problemas, etc.). Ele tem uma interface simples e intuitiva, e constitui ferramenta indispensável para o estudante de ciências exatas e engenharia. Existem várias e boas referências para o estudante interessado. Por exemplo, *MATLAB com aplicações em engenharia*, de Amos Gilat (2012) e *Essential MATLAB for engineers and scientists*, de Brian D. Hahn e Daniel T. Valentine (2007).

## 1.1 Obtendo ajuda

A primeira questão prática que o estudante necessita saber é como obter auxílio com o MATLAB. Basicamente, existem três níveis de ajuda:

1. Na área de trabalho do MATLAB, ao se digitar `help <comando>` obtém-se uma breve informação sobre o comando especificado, por exemplo:

   ```
   >> help log
   log Natural logarithm.
   log(X) is the natural logarithm of the elements of X.
   Complex results are produced if X is not positive.
   See also log1p, log2, log10, exp, logm, reallog.
   ```

2. No menu `HELP >> MATLAB HELP`, é possível obter informações detalhadas sobre os comandos, exemplos, informações técnicas, algoritmos e referências.
3. Na internet, o site oficial do fabricante (`www.mathworks.com`) oferece suporte técnico, fóruns de discussão, tutoriais e manuais (em formato PDF), etc.

## 1.2 Calculando com o MATLAB

No MATLAB, a janela de trabalho é o espaço no qual os *comandos* são digitados, as operações são executadas e os resultados são mostrados. O símbolo >>, chamado de *prompt*, denota que o MATLAB está esperando que o usuário digite um comando. Após teclar Enter, o resultado é apresentado como mostra a Figura 1.1.

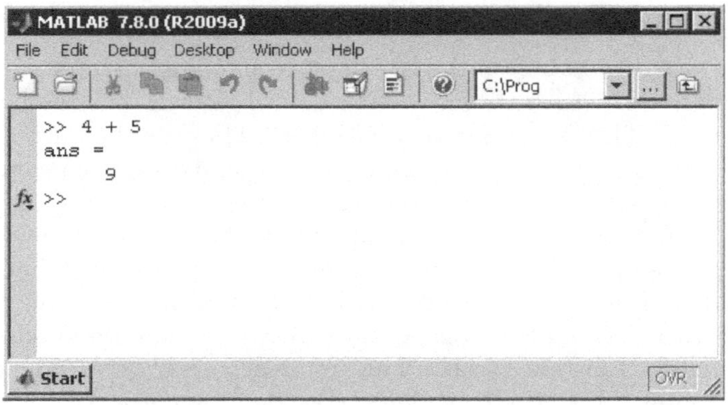


**FIGURA 1.1** A janela de trabalho do MATLAB.

### 1.2.1 Variáveis

No MATLAB, todos os objetos (números, vetores, matrizes, funções, etc.) são armazenados em variáveis. Os nomes das variáveis devem começar com uma letra seguida de qualquer quantidade de letras, dígitos ou *underscores*:

```
>> a = 3, b = 7, c = a + b
a = 3
b = 7
c = 10

>> fatorial_de_5 = 5 * 4 * 3 * 2 * 1
fatorial_de_5 = 120
```

Se uma variável não é explicitada pelo usuário, o resultado será armazenado na variável `ans` (do inglês, *answer*, que significa resposta):

```
>> 7 * 8
ans = 56
```

O MATLAB distingue letras maiúsculas de minúsculas. Assim `var`, `VAR` e `Var` representam variáveis distintas:

```
>> Num_1 = 1234, Num_2 = 4567
Num_1 = 1234
Num_2 = 4567
>> Tot = Num_1 + num_2
??? Undefined function or variable 'num_2'.
```

Na grafia de nomes de variáveis, funções e arquivos, não são permitidos diacríticos (acentos, cedilha e til):

```
>> solução = a * b * c
solução = a * b * c
    |
Error: The input character is not valid in MATLAB statements
or expressions.
```

O uso de `;` no final de um comando de atribuição inibe a apresentação do resultado, muito útil quando não se deseja visualizar resultados intermediários em um cálculo mais extenso.

```
>> a = 1 + 3;
>> b = 6 - a;
>> c = a * b
c = 8
```

Comentários (muito úteis em programação) são escritos após o símbolo `%` e aceitam diacríticos:

```
>> b = 5;      % base
>> h = 7;      % altura
>> A = b * h   % área do retângulo
A = 35
```

### 1.2.2 Operações elementares

O MATLAB realiza operações matemáticas elementares como uma calculadora. Observe que podem ser utilizados símbolos simples (como nas operações de adição e subtração), mas também comandos com argumentos (como no cálculo da raiz quadrada ou do seno de um número).

As operações aritméticas elementares de adição, subtração, multiplicação e divisão utilizam os seguintes comandos:

```
>> 4 + 5    % adição
ans = 9
>> 4 - 5    % subtração
ans = -1
>> 4 * 5    % multiplicação
ans = 20
>> 4 / 5    % divisão
ans = 0.8000
>> 1 * 2 + 3 / 4 - 5;    % Qual é o resultado?
```

O comando `sqrt` é usado para obter a raiz quadrada de um número. O símbolo `^` é utilizado para a operação de potenciação. É possível obter outras raízes pela potência a uma fração:

```
>> a = sqrt(5), b = a^2
a = 2.2361
b = 5.0000
>> a = 7^(1/3), b = a^3
```

```
a = 1.9129
b = 7.0000
```

Obter o valor absoluto (módulo) de um número e o resto da divisão inteira são operações bastante úteis em algoritmos:

```
>> n = abs(-500)
n = 500
>> r = rem(n, 3)
r = 2
```

Para obter um número inteiro próximo a um dado número real, é necessário fazer um arredondamento. O MATLAB apresenta diversas opções:

```
>> x = sqrt(10)
x = 3.1623
>> a = floor(x)    % arredonda para o inteiro inferior
a = 3
>> b = ceil(x)     % arredonda para o inteiro superior
b = 4
>> c = round(x)    % arredonda para o inteiro mais próximo
c = 3
```

O MATLAB também realiza operações trigonométricas e tem o valor de $\pi$ armazenado por ser uma das constantes mais utilizadas:

```
>> pi
ans = 3.1416
```

As principais funções trigonoméricas (seno, cosseno e tangente) são calculadas usando argumentos em radianos:

```
>> a = sin(pi/3), b = cos(pi/3), c = tan(pi/3)
a = 0.8660
b = 0.5000
c = 1.7321
```

Existe a opção de usar argumentos em graus para essas funções:

```
>> a = sind(60), b = cosd(60), c = tand(60)
a = 0.8660
b = 0.5000
c = 1.7321
```

É possível calcular as funções trigonométricas inversas:

```
>> t1 = asin(sqrt(2)/2)    % ângulo em radianos
t1 = 0.7854
>> t2 = asind(sqrt(2)/2)   % ângulo em graus
t2 = 45.0000
```

Como já visto, o cálculo de potências utiliza o comando ^. Mas a potência de base natural ($e^x$) possui um comando próprio:

```
>> exp(4)
ans = 54.5982
```

Os logaritmos, em suas diversas bases, ln $x$, $\log_{10} x$, $\log_2 x$, também possuem comandos próprios:

```
>> log(5)          % logaritmo de base natural
ans = 1.6094
>> log10(1000)     % logaritmo de base 10
ans = 3
>> log2(512)       % logaritmo de base 2
ans = 9
```

### 1.2.3 Vetores e matrizes

Uma das vantagens do uso do MATLAB para a computação científica é a maneira intuitiva com que vetores e matrizes são manipulados. O uso desses recursos tornam os algoritmos mais enxutos e eficientes. Para o MATLAB, um vetor é uma lista de números. Pode-se definir um vetor apenas listando seus elementos:

```
>> x = [1 2 3 4 5]
x = 1 2 3 4 5
```

Um vetor também pode ser definido por um intervalo de valores. Para tal, definimos um valor inicial, um incremento e um valor final:

```
>> y = 1 : 0.5 : 3
y = 1.0000   1.5000   2.0000   2.5000   3.0000
```

Alguns exemplos de operações com vetores:

```
>> x + y   % adição
ans = 2.0000   3.5000   5.0000   6.5000   8.0000
```

A multiplicação de vetores (como um todo) não está definida pela álgebra linear. No entanto, o MATLAB define uma multiplicação elemento a elemento entre vetores.

```
>> x.* y   % multiplicação elemento-elemento
ans = 1    3    6    10    15

>> x.^2   % potência dos elementos
ans =
     1    4    9    16    25
```

A maioria dos comandos MATLAB opera com argumentos vetoriais. Em geral, o resultado é a aplicação da função em cada elemento do vetor:

```
>> exp(y)   % operações elementares
ans = 2.7183    4.4817    7.3891    12.1825    20.0855

>> dot(x, y)    % produto escalar entre x e y
ans = 35
```

O comando a seguir determina o número de elementos (tamanho) de um vetor dado. Como veremos, esse comando é muito útil em algoritmos:

```
>> n = length(x)     % tamanho do vetor
n = 5
```

Para o MATLAB uma matriz é uma tabela de números dispostos em linhas e colunas. Pode-se definir uma matriz apenas listando seus elementos linha por linha. Utilize o `;` para separar as linhas da matriz.

```
>> A = [-2 0 1; -2 -3 0; 3 -2 -2]    % uma matriz 3x3
A =
    -2     0     1
    -2    -3     0
     3    -2    -2
```

Algumas operações matriciais são semelhantes às operações obtidas na álgebra linear:

```
>> d = det(A)    % o determinante de A
d = 1

>> B = inv(A)    % a matriz inversa de A
B =
    6.0000    -2.0000     3.0000
   -4.0000     1.0000    -2.0000
   13.0000    -4.0000     6.0000

>> C = A * B    % produto matricial
C =
    1.0000     0.0000          0
    0.0000     1.0000          0
         0    -0.0000     1.0000

>> D = A^2    % multiplicando matrizes: A^2 = A * A
D =
     7    -2    -4
    10     9    -2
    -8    10     7

>> E = A.^2 % cada elemento de A ao quadrado
E =
     4     0     1
     4     9     0
     9     4     4
```

Observe que as matrizes $D$ e $E$ são distintas. Em `A^2`, a potência é efetuada sobre a *matriz*, enquanto em `A.^2`, a potência é efetuada sobre os *elementos* da matriz.

Um comando muito útil em algoritmos é aquele que determina o número de linhas e colunas (ordem) de uma matriz.

```
>> [n, m] = size(A)    % número de linhas e colunas de A
n = 3
m = 3
```

```
>> [n, ~] = size(A)    % apenas o número de linhas de A
n = 3
```

Observe como os comandos `length` e `size` são semelhantes, mas têm uso distinto: o primeiro é indicado para determinar o tamanho de um *vetor*, enquanto o último é indicado para determinar o tamanho de uma *matriz*.

A operação de transposição (denotada pelo símbolo `'`) desloca os elementos dispostos em linhas para colunas. Uma matriz de ordem 2 x 3 é transformada em um matriz 3 x 2. Um vetor-linha (uma matriz de ordem 1 x 3) é transformado em um vetor-coluna (matriz de ordem 3 x 1).

```
>> A = [1 2 3; 4 5 6], x = [2 4 6]
A =
     1     2     3
     4     5     6
x =
     2     4     6
>> A', x'
ans =
     1     4
     2     5
     3     6
ans =
     2
     4
     6
```

Alguns comandos criam (inicializam) matrizes contendo valores preestabelecidos. Essa inicialização reserva espaço contíguo de memória no computador para otimizar a velocidade de acesso aos seus elementos.

```
>> B = zeros(3,2)  % matriz de zeros
B =
     0     0
     0     0
     0     0
>> W = ones(2,3)   % matriz de uns
W =
     1     1     1
     1     1     1
>> I = eye(3)        % matriz identidade
I =
     1     0     0
     0     1     0
     0     0     1
```

O MATLAB pode gerar números que se comportam de maneira semelhante a números aleatórios (como aqueles gerados por uma roleta). O uso de vetores e matrizes aleatórias pode ser útil na verificação da correção de algoritmos, por exemplo.

```
>> rand(2,4)          % matriz com elementos aleatórios
ans =
     0.6223     0.4123     0.1355     0.2896
     0.7159     0.3622     0.9021     0.7814
```

### 1.2.4 Indexação de vetores e matrizes

Em programação, especificar elementos de vetores e matrizes é fundamental. Cada elemento de um *vetor* é indexado por um índice. O índice, entre parênteses, ao lado do nome do vetor indica a posição do elemento ao qual se refere.

```
>> x = [8 5 -2 1 -4]      % um vetor
x =
     8     5    -2     1    -4
>> x(1), x(3), x(3:5)     % os elementos do vetor
ans =
     8
ans =
    -2
ans =
    -2     1    -4
>> x(2) = 7               % atribuindo valores
x =
     8     7    -2     1    -4
>> x(1) = x(2) * x(3)     % operando com elementos
x =
   -14     7    -2     1    -4
>>
```

Para matrizes, utiliza-se um par de índices. O primeiro e segundo índice, entre parênteses, ao lado do nome da matriz indica a linha e a coluna, respectivamente, do elemento ao qual se referem.

```
>> A = [6 2 -1; 5 7 8]           % uma matriz
A =
     6     2    -1
     5     7     8
>> A(1,1), A(2,3), A(1,:)        % os elementos da matriz
ans =
     6
ans =
     8
ans =
     6     2    -1
>> A(2,2) = -4                   % atribuindo valores
A =
     6     2    -1
     5    -4     8
```

```
>> A(1,:) = 3 * A(1,:)              % operando com linhas
A =
    18     6    -3
     5    -4     8
>> A(:,2) = A(:,2) + A(:,3)         % operando com colunas
A =
    18     3    -3
     5     4     8
```

Observe que o símbolo : colocado como primeiro índice faz referência a todas as linhas; como segundo índice, faz referência a todas as colunas.

### 1.2.5 Comandos úteis para vetores e matrizes

Os comandos `max`, `min` e `sum` são bastante úteis na manipulação de vetores quando se deseja encontrar o maior elemento, o menor elemento e a soma dos elementos de um vetor ou matriz.

```
>> x = [4 -2 5 0 -3]    % Um vetor x
x =
     4    -2     5     0    -3
>> M = max(x)                       % O maior elemento de x
M =
     5
>> m = min(x)                       % O menor elemento de x
m =
    -3
>> S = sum(x)                       % A soma dos elementos de x
S =
     4

>> A = [1 5; 3 -4]   % Uma matriz A
A =
     1     5
     3    -4
>> M = max(A)        % Os maiores elementos de cada coluna de A
M =
     3     5
>> MM = max(max(A)) % O maior elemento de A
MM =
     5
>> S = sum(A)        % A soma dos elementos de cada coluna de A
S =
     4     1
>> S = sum(sum(A))   % A soma de todos os elementos de A
S =
     5
```

Os colchetes `[ ]` podem ser usados para *justapor* (concatenar) vetores ou matrizes:

```
>> A = [1 2; 4 5], b = [3; 6]
A =
```

```
        1     2
        4     5
b =
        3
        6
>> Ab = [A b]
Ab =
        1     2     3
        4     5     6
```

### 1.2.6 Função anônima

O MATLAB permite construir e manipular funções de forma bastante simplificada. O comando @ define uma função a partir de sua expressão algébrica. O termo "anônimo" significa que a função não está armazenada em um arquivo, mas é definida em apenas uma linha de instrução.

```
>> f = @(z) 1/sqrt(2*pi) * exp(-0.5 * z.^2)
f =
    @(z)1/sqrt(2*pi)*exp(-0.5*z.^2)

>> a = f(0), b = f(1)
a =
    0.3989
b =
    0.2420

>> z = 0 : 5, d = f(z)
z =
        0     1     2     3     4     5
d =
    0.3989    0.2420    0.0540    0.0044    0.0001    0.0000
>>
```

A variável `f` pode ser passada como *argumento* para outras funções, como no exemplo a seguir, em que o comando `quad` calcula a integral da função no intervalo $-2 < z < 2$:

```
>> P = quad(f, -2, 2)
P =
    0.9545
```

### 1.2.7 Gráficos

O MATLAB possui uma variedade de comandos para produzir gráficos. O comando `plot`, para gráficos bidimensionais, é o mais simples deles.

```
>> z = -4 : 0.1 : 4;                        % valores para z
>> d = f(z);                                % valores para f(z)
>> plot(z, d, 'r--')                        % gráfico
```

```
>> grid on                                        % grade
>> xlabel('valor da variável aleatória')  % rótulo horiz.
>> ylabel('densidade de probabilidade')   % rótulo vert.
>> title('Distribuição normal padrão')     % título
```

A Figura 1.2 mostra o resultado dos comandos.

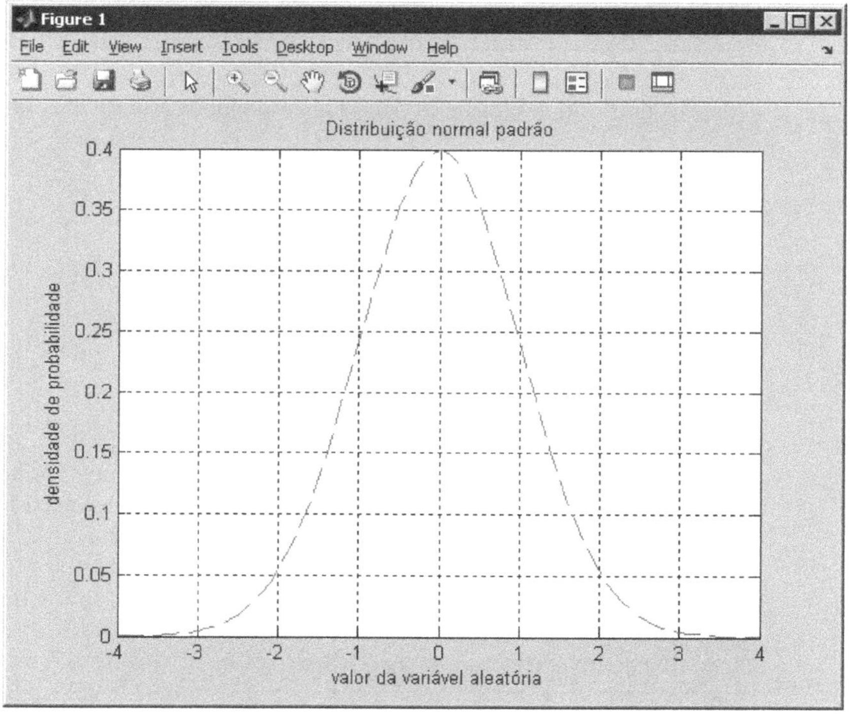


**FIGURA 1.2** Janela gráfica do MATLAB com um gráfico 2D simples.

## 1.3 Programando com o MATLAB

O MATLAB permite a execução de conjuntos de comandos a partir de *programas*. Os programas são arquivos de texto (com extensão .m) escritos em um editor de programas (muito parecido com um editor de texto comum, porém com funcionalidades específicas para edição e depuração de programas). Os nomes dos arquivos obedecem as mesmas regras dos nomes de variáveis.

A Figura 1.3 mostra uma janela de edição com o texto de um programa (function). No alto da janela, aparece o nome do arquivo ZeroBissecao.m e sua localização (path).

Os programas do MATLAB que realizam operações específicas com dados fixos são *scripts*; as *functions* são programas que realizam operações mais genéricas com entrada e saída de dados.

O quadro a seguir resume as principais diferenças entre *scripts* e *functions*:

| | *script* | *function* |
|---|---|---|
| Uso: | específico | geral |
| Variáveis: | globais (*workspace*) | locais |
| Entrada de dados: | *workspace* ou no corpo do texto | argumentos |
| Saída de dados: | *workspace* ou eco na tela | argumentos |

Observe um exemplo de *script* para o cálculo da média harmônica:

```
clear
clc
P1 = 7.6
P2 = 8.1
P3 = 8.6
H = 3 / (1/P1 + 1/P2 + 1/P3)
```

A seguir, observe uma *function* para o cálculo da média harmônica:

```
function H = MH2(P1, P2, P3)
H = 3 / (1/P1 + 1/P2 + 1/P3);
```

Nos exemplos dados, o cálculo da média harmônica (linha 6 e linha 2, respectivamente) é efetuado exatamente da mesma maneira. No *script*, o cálculo é efetuado com um conjunto predefinido de valores `P1`, `P2` e `P3` especificados no corpo do texto. Na *function*, os valores são recebidos como argumentos. Assim, o *script* tem caráter mais específico, que é calcular a média harmônica *daquele* conjunto de valores. Já a *function* tem um caráter mais geral, de calcular a média harmônica de *qualquer* conjunto de valores.

No *script*, as variáveis são globais, elas podem estar definidas previamente na memória de trabalho (workspace) ou no corpo do texto e ficam disponíveis para acesso depois de sua execução. Na *function*, as variáveis são locais, ou seja, ficam armazenadas em um espaço de memória próprio e são apagadas após a execução do programa. Os valores são recebidos em *argumentos de entrada* e a lista de argumentos de entrada, entre parênteses, é colocada no lado direito do seu nome.

Em um *script*, os resultados ficam armazenados em variáveis na memória de trabalho ou podem ser apresentados na tela. Em uma *function*, os valores são passados em argumentos de saída. A lista de *argumentos de saída*, entre colchetes, é colocada no lado esquerdo do seu nome, antes do símbolo `=`.

O uso da memória de trabalho pelos *scripts* é uma propriedade interessante, mas pode causar problemas ao programador iniciante (por exemplo, confundir variáveis com nomes semelhantes). Assim, é aconselhável limpar a memória de trabalho utilizando o comando `clear`. O comando `clc` apenas limpa a janela de comandos.

A Figura 1.3 mostra a janela de edição com uma *function* e a Figura 1.4 mostra a janela de edição com um *script*.

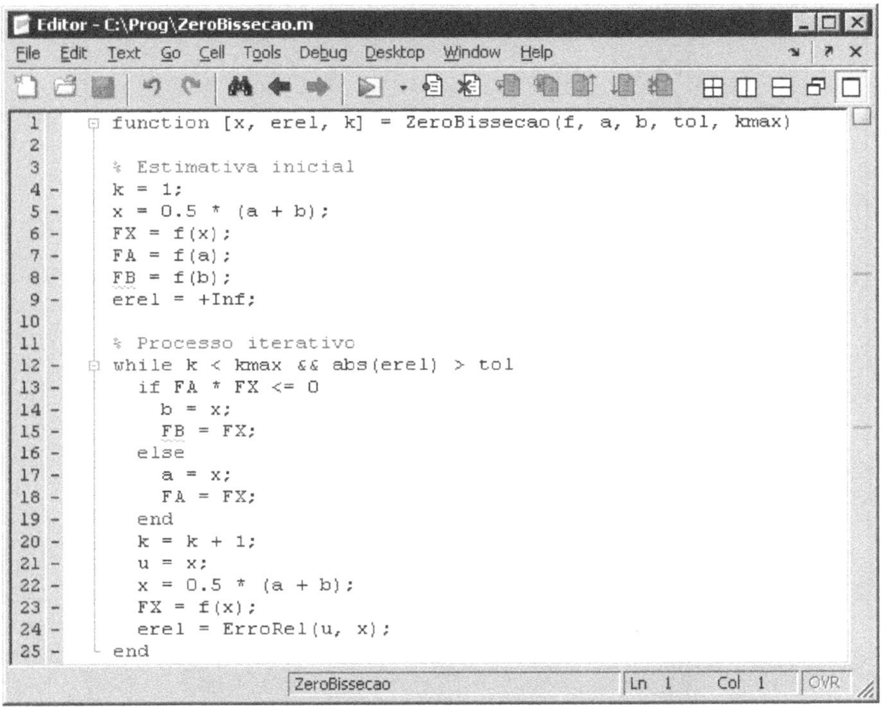
Editor - C:\Prog\ZeroBissecao.m
File Edit Text Go Cell Tools Debug Desktop Window Help
function [x, erel, k] = ZeroBissecao(f, a, b, tol, kmax)
% Estimativa inicial
k = 1;
x = 0.5 * (a + b);
FX = f(x);
FA = f(a);
FB = f(b);
erel = +Inf;
% Processo iterativo
while k < kmax && abs(erel) > tol
if FA * FX <= 0
b = x;
FB = FX;
else
a = x;
FA = FX;
end
k = k + 1;
u = x;
x = 0.5 * (a + b);
FX = f(x);
erel = ErroRel(u, x);
end
ZeroBissecao
Ln 1 Col 1 OVR

**FIGURA 1.3** Janela de edição de programas com uma *function*.

### 1.3.1 Estruturas lógicas de um algoritmo

Um algoritmo é uma sequência determinada de passos para a resolução de algum problema. Do ponto de vista lógico, existem três estruturas que determinam quais são os passos e como devem ser executados:

**Sequência:** determina qual passo deve ser executado antes de outro.
**Decisão:** determina se um conjunto de passos deve ou não ser executado.
**Repetição:** determina se (e quantas vezes) um conjunto de passos deve ser repetido.

No MATLAB, os comandos são executados um de cada vez, ou seja, não há processamento paralelo, e a sintaxe é bem simples: os comandos são escritos um a um de cima para baixo. Embora seja possível, não se recomenda escrever dois comandos em uma mesma linha.

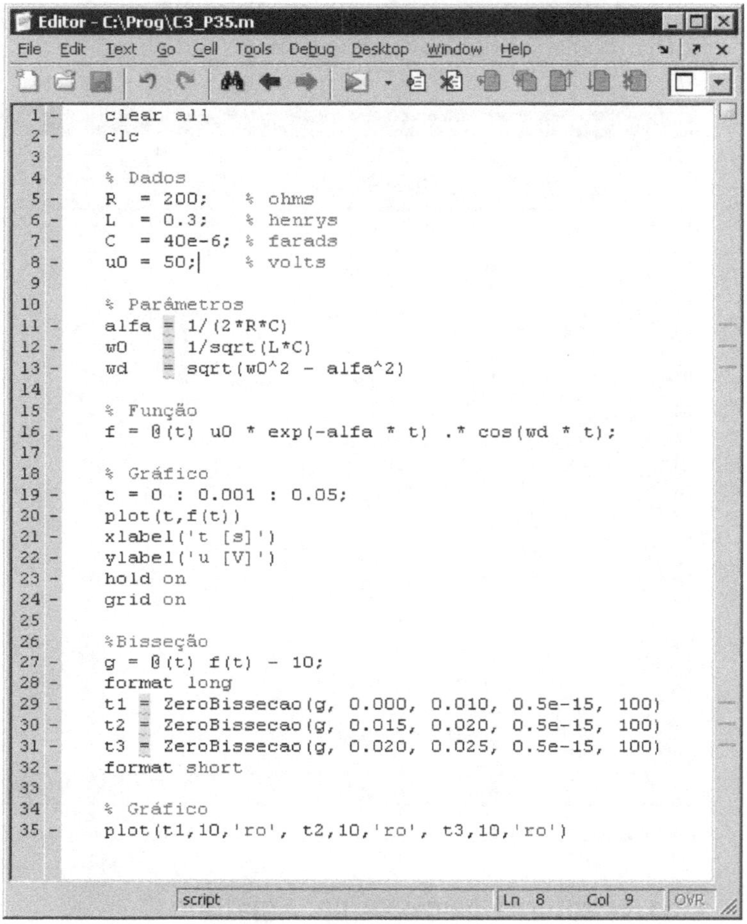

Editor - C:\Prog\C3_P35.m
File Edit Text Go Cell Tools Debug Desktop Window Help
clear all
clc
% Dados
R  = 200;   % ohms
L  = 0.3;   % henrys
C  = 40e-6; % farads
u0 = 50;    % volts
% Parâmetros
alfa = 1/(2*R*C)
w0   = 1/sqrt(L*C)
wd   = sqrt(w0^2 - alfa^2)
% Função
f = @(t) u0 * exp(-alfa * t) .* cos(wd * t);
% Gráfico
t = 0 : 0.001 : 0.05;
plot(t,f(t))
xlabel('t [s]')
ylabel('u [V]')
hold on
grid on
%Bisseção
g = @(t) f(t) - 10;
format long
t1 = ZeroBissecao(g, 0.000, 0.010, 0.5e-15, 100)
t2 = ZeroBissecao(g, 0.015, 0.020, 0.5e-15, 100)
t3 = ZeroBissecao(g, 0.020, 0.025, 0.5e-15, 100)
format short
% Gráfico
plot(t1,10,'ro', t2,10,'ro', t3,10,'ro')
script
Ln 8 Col 9 OVR


**FIGURA 1.4** A janela de edição de programas com um *script*.

**Exemplo:** Determinação das raízes de uma equação quadrática $ax^2 + bx + c = 0$ com $a \neq 0$:

```
clear
clc
a = 1
b = 2
c = -4
d = b^2 - 4*a*c
x1 = (-b + sqrt(d))/(2*a)
x2 = (-b - sqrt(d))/(2*a)
```

Observe que inicialmente a memória e a área de trabalho são limpas. Em seguida, os valores dos coeficientes `a`, `b` e `c` são declarados e o discriminante `d` é calculado. Por fim, as raízes `x1` e `x2` são determinadas.

Com relação à decisão, o MATLAB possui duas estruturas básicas: `if...else...end` e `switch...case`. Na primeira estrutura, os blocos de comandos são executados de acordo com uma ou mais condições estabelecidas. Na segunda, os blocos de comandos são executados de acordo com o valor de uma variável de controle.

**Exemplo:** Cálculo da média harmônica com `if...else...end`:

```
function [H, C] = MH3(P1, P2, P3)
% Calcula média harmônica
if P1 <= 0 || P2 <= 0 || P3 <= 0
  H = 0;
else
  H = 3 / (1/P1 + 1/P2 + 1/P3);
end
% Calcula conceito
if H >= 9.0
  C = 4;
elseif H >= 8.0
  C = 3;
elseif H >= 7.0
  C = 2;
elseif H >= 6.0
  C = 1;
else
  C = 0;
end
```

Nesse exemplo, a primeira estrutura `if...else...end` determina se algum dos valores de entrada (`P1`, `P2` ou `P3`) é zero ou negativo. Se isso ocorrer, o valor de `H` é declarado igual zero. Caso contrário, o valor de `H` é calculado pela fórmula usual. Na segunda estrutura `if...elseif...end`, inicialmente a condição `H >= 9.0` é avaliada. Se verdadeira, o bloco `C = 4` é executado e o programa encerrado. O comando `elseif` faz com que se, e somente se, a primeira condição for falsa, a segunda condição `H >= 8.0` seja avaliada. Caso seja verdadeira, o bloco `C = 4` é executado e o programa encerrado. Observe que as condições são avaliadas em sequência e apenas um dos blocos é executado.

**Exemplo:** Cálculo do intervalo de confiança para uma estimativa de média, com `switch...case`:

```
function [a, b] = ICMed(xb, sig, n, alfa, L)
switch L

  % IC lateral esquerdo
  case -1
    z_alfa = norminv(1 - alfa);
    a = -inf;
    b = xb + z_alfa * sig / sqrt(n);

  % IC bilateral
```

```
    case 0
      z_alfa_2 = norminv(1 - alfa/2);
      a = xb - z_alfa_2 * sig / sqrt(n);
      b = xb + z_alfa_2 * sig / sqrt(n);

    % IC lateral direito
    case +1
      z_alfa = norminv(1 - alfa);
      a = xb - z_alfa * sig / sqrt(n);
      b = +inf;
end
```

Nesse exemplo, a determinação do intervalo de confiança pode ser efetuada de três formas distintas, conforme seja limitado ou ilimitado à direita ou à esquerda. Na estrutura `switch...case...end` a variável `L`, dado de entrada da função, controla qual bloco de comandos será executado. Caso `L` seja -1, 0 ou 1, o primeiro, o segundo ou o terceiro bloco será executado, respectivamente. Para mais detalhes sobre os conceitos estatísticos envolvidos, consulte *Probabilidade e Estatística*, 3. ed., Bookman, de Spiegel, Schiller e Srinivazan.

No MATLAB, são duas as estruturas de repetição. Na estrutura `for...end`, a repetição do bloco de comandos é controlada por um contador. Desta forma, o número de repetições é determinado previamente. Na estrutura `while...end`, a repetição do bloco de comandos é controlada por uma condição. Como a condição é reavaliada a cada repetição, o número de repetições não é previamente determinado.

**Exemplo:** Cálculo da tabuada com `for...end`:

```
function T = Tabuada(n)
T = zeros(10,1);
for i = 1 : 10
  T(i) = i * n;
end
```

Nesse exemplo, a função recebe um valor `n` e constrói um vetor `T` com 10 linhas e 1 coluna inicialmente contendo apenas zeros. Em seguida, a estrutura `for...end` atribui a cada elemento de `T`, na posição `i`, o valor do produto de `i` por `n`. Note como o contador `i` utilizado para controlar o laço de repetição também é utilizado para indexar os elementos do vetor.

**Exemplo:** Cálculo da tabuada com `for...end` aninhados:

```
clear
clc
T = zeros(10,10);
for j = 1 : 10          % para cada coluna j...
  for i = 1 : 10        % para cada linha i...
    T(i, j) = i * j;
  end
end
T
```

Nesse exemplo, temos um *script* que constrói uma matriz `T` inicialmente contendo zeros. Em seguida, em uma estrutura de laços `for...end` aninhados, atribui ao elemento da linha `i` e coluna `j` o produto de `i` por `j`. Note que da forma como os laços são aninhados, o valor de `j` é inicialmente fixado em `1` e o valor de `i` corre de `1` a `10`. Depois o valor de `j` é fixado em `2` e o valor de `i` corre de `1` a `10` e assim sucessivamente.

**Exemplo:** Encontrando uma matriz singular com `while...end`:

```
function [A] = MatrizSingular(n)
D = 1;          % para "entrar" no laço...
while D ~= 0
  A = round(20 * rand(n) - 10);
  D = det(A);
end
```

No exemplo acima, uma *function* recebe um inteiro `n` e determina uma matriz de números aleatórios `n x n` de forma que seu determinante seja `0`, isto é, uma matriz singular. Como os elementos da matriz são gerados aleatoriamente, não há garantia de que seu determinante seja zero. O artifício para obter tal matriz é gerar muitas matrizes e testar seus determinantes. Isso é feito usando a estrutura `while...end`: enquanto o determinante `D` da matriz `A` é diferente de zero, uma nova matriz é gerada. Observe que o valor inicial `1` é atribuído para `D` de modo que, em sua primeira avaliação, a condição seja verdadeira. Assim garantimos que o laço será executado pelo menos uma vez.

**Exemplo:** Ordenamento de uma lista com várias estruturas:

```
function [L] = Ordenar(L)
% Método 'Bubble Sort'
% Inicialização
n = length(L);
cont = 1;
% Enquanto ocorrerem trocas...
while cont > 0
  cont = 0;
  %... faz varredura na lista
  for i = 1 : n - 1
    % Se elementos fora de ordem...
    if L(i) > L(i + 1)
      temp = L(i);
      L(i) = L(i + 1);
      L(i + 1) = temp;
      cont = cont + 1;
    end
  end
end
```

Esse exemplo é um clássico no estudo de algoritmos. Trata-se do método *bubble sort* (ordenação em bolhas). A *function* recebe uma lista de valores numéricos e a devolve ordenada de modo crescente. Para tanto, percorrem-se os elementos do vetor e, para cada par de valores consecutivos, avalia-se se estão em ordem ou não. Caso não estejam em ordem, seus valores são permutados entre si e um troca é contada. Se foram efetuadas trocas, o contador de trocas é zerado e o vetor é percorrido novamente. O processo é repetido até que nenhuma troca seja efetuada, o que garante que o vetor está ordenado. Observe que a lógica do algoritmo é implementada usando um `if...end` aninhado dentro de um laço `for...end`, que, por sua vez, está aninhado dentro de um laço `while...end`. Inicialmente `n` recebe o tamanho do vetor e o contador de trocas `cont` é inicializado com 1. Desta forma, a primeira avaliação da condição `cont > 0` é verdadeira e o laço `while...end` é executado pelo menos uma vez. Dentro do laço, o contador é zerado e um novo laço é iniciado com o índice `i` variando de `1` a `n - 1` (penúltima posição do vetor). A condição `L(i) > L(i + 1)` determina se os elementos do vetor estão fora de ordem e, em caso verdadeiro, os elementos são permutados. Note a variável temporária `temp` que armazena o valor de `L(i)` para que esse não seja perdido quando sobrescrito pelo valor de `L(i + 1)`.

## 1.4 Problemas

**Comandos do MATLAB**

*Nos Problemas 1.1 a 1.6, escreva a linha de comando do MATLAB necessária para calcular os valores dados. Justifique.*

**1.1.** $a = 2^5$, $b = \sqrt{7}$.

**1.2.** $a = e^2$, $b = \sqrt[3]{2}$, $c = \sqrt[3]{-8}$.

**1.3.** $a = \cos(60°)$, $b = \text{tg}(\pi/4)$.

**1.4.** $a = \log(1000)$, $b = \ln(1000)$, $c = \log_2(1000)$.

**1.5.** $a = |-5|$, $b = 9!$.

**1.6.** $a = 3{,}5603 \times 10^4 + 2{,}0034 \times 10^3$.

*Nos Problemas 1.7 a 1.10, escreva a linha de comando do MATLAB necessária para construir os vetores dados. Justifique.*

**1.7.** $\mathrm{x} = [6 \quad 2 \quad 0 \quad 5]$ (um vetor-linha), $\mathbf{y} = [6 \quad 2 \quad 0 \quad 5]^{\mathrm{T}}$ (um vetor-coluna).

**1.8.** $\mathrm{w} = [0{,}0 \quad 0{,}1 \quad 0{,}2 \quad \cdots \quad 9{,}8 \quad 9{,}9 \quad 10{,}0]$.

**1.9.** $\mathrm{z} = [0 \quad 0 \quad 0 \quad \cdots \quad 0 \quad 0 \quad 0]$ (um vetor-linha com 20 zeros).

**1.10.** $\mathrm{u} = [1 \quad 1 \quad 1 \quad \cdots \quad 1 \quad 1 \quad 1]^{\mathrm{T}}$ (um vetor-coluna com 20 uns).

*Nos Problemas 1.11 e 1.12, escreva a linha de comando do MATLAB necessária para construir as matrizes dadas. Justifique.*

**1.11.** $A = \begin{bmatrix} 1 & 7 \\ -4 & 3 \end{bmatrix}$.

**1.12.** $B = \begin{bmatrix} 0 & 1 & 2 \\ 3 & -3 & 1 \\ -1 & 0 & 3 \\ 2 & 1 & -1 \end{bmatrix}$.

*Nos Problemas 1.13 a 1.18, determine o resultado do comando no MATLAB. Justifique.*

**1.13.** `>> a = 1 + 2 / 3 - 4 * 5`

**1.14.** `>> x = 30, b = sin(x) * cos(x)`

**1.15.** `>> y = 100, c = sqrt(y) - log(y)`

**1.16.** `>> z = 0.0001, d = abs(log10(z))`

**1.17.** `>> w = pi/2, e = exp(cos(w))`

**1.18.** `>> A = [1 2 3; 4 5 6], [n, ~] = size(A)`

*Ao se digitar os comandos mostrados nos Problemas 1.19 a 1.22, obtêm-se mensagens de erro. O que elas significam? Como corrigir o comando?*

**1.19.** `>> a = ln(5)`
```
Undefined function or variable 'ln'.
```

**1.20.** `>> y = 1 + e^3`
```
Undefined function or variable 'e'.
```

**1.21.** `>> t = cos(3,1416)`
```
Error using cos
Too many input arguments.
```

**1.22.** `>> x = 16, y = sqrt(X)`
```
Undefined function or variable 'X'.
```

**1.23.** Ao calcular o vetor de coeficientes de um polinômio interpolador, um estudante obteve o seguinte resultado:

```
c =
  1.0e+003 *
    0.0033
    0.1742
   -6.6277
```

Quais são os valores dos coeficientes? Qual é o polinômio?

*Nos Problemas 1.24 a 1.27, desenhe os gráficos das funções mostradas. Adicione grade, legenda, rótulos nos eixos $x$ e $y$ e título. Use os comandos* `plot`, `grid`, `legend`, `xlabel`, `ylabel` *e* `title`.

**1.24.** $f(x) = x^2 + x - 4$

**1.25.** $g(x) = e^{-x} - 1$

**1.26.** $h(x) = 2 + 3\cos(\pi x)$

**1.27.** $i(x) = \dfrac{x+1}{x-1}$

**1.28.** Seja `C` uma matriz de ordem $n \times m$, `p` um número real e `i` e `j` inteiros positivos, tais que $1 \leq i, j \leq n$. O que fazem as seguintes linhas de código? Justifique. Dê um exemplo. (Estas operações serão utilizadas nos algoritmos do Capítulo 4.)

(a)
```
>> C(i,:) = C(i,:) + p * C(j,:);
```

(b)
```
>> T = C(i,:);
>> C(i,:) = C(j,:);
>> C(j,:) = T;
```

## Programação no MATLAB

**1.29.** (a) Escreva um *script* que gera um vetor de cinco elementos aleatórios e, em seguida, calcula a média aritmética desses elementos. (b) Escreva uma *function* que recebe um vetor de $n$ elementos e retorna a média aritmética dos seus elementos. (c) Compare os resultados com o comando `mean`.

**1.30.** (a) Escreva um *script* que gera um vetor de $n$ elementos aleatórios e, em seguida, determina o valor e a localização do maior elemento do vetor. (b) Escreva uma *function* que recebe um vetor de $n$ elementos e retorna o valor e a posição do maior elemento do vetor. (c) Compare os resultados com o comando `max`.

**1.31.** Escreva uma *function* que calcula a soma de todos os elementos de uma matriz **A** dada. Compare o resultado com o comando `sum`.

**1.32.** Com três segmentos de reta de comprimento $a$, $b$ e $c$ somente é possível construir um triângulo se o comprimento de cada segmento for menor que a soma dos outros dois. Escreva uma *function* que recebe os comprimentos $a$, $b$ e $c$ de três segmentos de reta e retorna o valor 1 se eles podem representar lados de um triângulo e 0 em caso contrário.

**1.33.** Escreva uma *function* que recebe um inteiro $n$ e retorne um vetor $d$ contendo todos os divisores de $n$ entre 1 e $n$, inclusive. Use os comandos `mod` ou `rem`.

**1.34.** Escreva uma *function* que recebe um inteiro $n$ e retorna o valor 1 se $n$ é primo e 0 se $n$ é composto. Compare os resultados com o comando `isprime`. Sugestão: modifique a *function* do problema anterior.

**1.35.** Considere a função polinomial

$$F(x) = 3x^4 - 2x^3 + 7x^2 - 5x + 4$$

Essa função pode ser reescrita na **forma fatorada de Horner**[1]:

$$H(x) = (((3x - 2)x + 7)x - 5)x + 4$$

Do ponto de vista computacional, essa forma fatorada é preferida por realizar uma quantidade *menor* de operações.

**Algoritmo 1** VPOL

**entrada** : $\mathbf{c}$, $x$
**saída** : $y$
1: $n \leftarrow$ tamanho de $\mathbf{c}$
2: $y \leftarrow 0$
3: **para** $i \leftarrow 1 : n$
4: $\quad y \leftarrow y \cdot x + c_i$
5: **fim**

(a) Verifique esse fato determinando quantas operações de multiplicação e adição são necessárias para calcular $F(x)$ e $H(x)$. Considere que o cálculo de $x^n$ é efetuado com multiplicações.

(b) Generalize o resultado do item anterior para o caso de um polinômio de grau $m$.

**1.36.** ✎ Implemente o algoritmo VPOL que usa a forma de Horner para avaliação polinomial, isto é, recebe um vetor $\mathbf{c}$ com os coeficientes de uma função polinomial $p$, o valor $x$ e determina $y = p(x)$. Use `y = y .* x + c(i)` para implementar a linha 4, assim $x$ pode ser tanto um escalar quanto um vetor. Compare com o comando `polyval` do MATLAB. (Esse algoritmo será utilizado no Capítulo 5.)

**1.37.** Em 1674, Leibniz[2] mostrou que o número $\pi$ pode ser calculado pela série

$$\pi = 4\left(1 - \frac{1}{3} + \frac{1}{5} - \frac{1}{7} + \cdots\right),$$

(Beckmann, 1974). Escreva uma *function* que recebe um valor $n$ e que retorna uma *aproximação* $P(n)$ para o valor de $\pi$ usando os $n$ primeiros termos da série. Quantos termos são necessários para se obter uma aproximação $P$ cuja diferença para o valor exato de $\pi$ seja menor que $0,0005$?

**1.38.** ✎ Implemente o algoritmo MVANDER, que recebe um vetor $\mathbf{x} = [x_1, x_2, \ldots, x_n]^T$ e um inteiro positivo $m$ e retorna a matriz

[1] William George Horner (1786 - 1837), clérigo metodista e estudioso inglês, conhecido pelo método (que leva seu nome) de resolução de equações algébricas publicado em *A new method of solving numerical equations of all orders, by continuous approximation*, em 1819. No entanto, o método não é original, foi antecipado no século XIX por Paolo Ruffini na Itália e, antes disso, no século XIII por Zhu Shijie na China (O'Connor; Robertson, 2015).

[2] Gottfried Wilhelm von Leibniz (1646 - 1716), matemático e filósofo alemão, desenvolveu a teoria do Cálculo (é dele a notação $\frac{dy}{dx}$) na mesma época que Newton. É conhecido ainda pelos estudos na aritmética binária e pelo desenvolvimento de uma máquina mecânica de calcular. Tanto quanto matemático, Leibniz foi importante filósofo e, entre outros temas, tratou do problema da conciliação da noção do *mal* em um mundo criado por um deus *bom* (O'Connor; Robertson, 2015).

$$\mathbf{X} = \begin{bmatrix} x_1^m & \cdots & x_1^2 & x_1 & 1 \\ x_2^m & \cdots & x_2^2 & x_2 & 1 \\ \vdots & & \vdots & \vdots & \vdots \\ x_n^m & \cdots & x_n^2 & x_n & 1 \end{bmatrix},$$

denominada **matriz de Vandermonde**[3]. Esse algoritmo será utilizado nos Capítulos 5 e 6. Compare com o comando `vander` do MATLAB.

**Algoritmo 2** MVANDER

**entrada** : $\mathbf{x}$, $m$
**saída** : $\mathbf{X}$
$n \leftarrow$ tamanho de $\mathbf{x}$
$\mathbf{X} \leftarrow$ ZEROS($n$, $m+1$)
**para** $i \leftarrow 1 : n$
  $\mathbf{X}_{i,\,m+1} \leftarrow 1$
  **para** $j \leftarrow m : -1 : 1$
    $\mathbf{X}_{i,\,j} \leftarrow x_i \cdot \mathbf{X}_{i,\,j+1}$
  **fim**
**fim**

**1.39.** A sequência

$$1, 1, 2, 3, 5, 8, 13, 21, \ldots$$

é conhecida como *sequência de Fibonacci*[4]. Ela pode ser escrita recursivamente com

$$F_1 = 1, \quad F_2 = 1, \quad F_k = F_{k-1} + F_{k-2}.$$

Escreva uma *function* que recebe um inteiro positivo $k \geq 2$ e retorna a razão

$$R_k = \frac{F_k}{F_{k-1}}.$$

Observe que, à medida que $k$ aumenta, a razão $R_k$ aproxima-se de um certo número. Que número é esse?

**1.40.** Implemente o algoritmo PIVOTAMENTOPARCIAL que recebe uma matriz $\mathbf{C}$, seu número de linhas $n$ e um inteiro $j$ tal que $1 \leq j \leq n-1$. Em seguida, procure entre os elementos da coluna $j$, nas linhas $i \geq j$ o elemento de maior valor absoluto $p$ (denomi-

[3] Alexandre-Théophile Vandermonde (1735 - 1796), matemático francês, é conhecido como o fundador da teoria do *determinante* de uma matriz. Embora já utilizadas na resolução de sistemas lineares, as propriedades algébricas dos determinantes ainda não eram bem conhecidas. É de Vandermonde a demonstração do efeito da permutação de linhas ou colunas de uma matriz sobre seu determinante. Dessa propriedade, deduziu que se duas linhas ou colunas de uma matriz são iguais, o seu determinante é zero (O'Connor; Robertson, 2015).

[4] Leonardo Pisano (1170 - 1250), matemático italiano, mais conhecido por seu apelido Fibonacci, teve papel importante na história da matemática. Seu livro *Liber Abaci*, de 1202, introduziu a notação decimal posicional com algarismos hindu-arábicos que usamos até hoje. A sequência numérica que leva seu nome é a solução de um problema envolvendo a reprodução de coelhos. A revista *The Fibonacci Quarterly*, editada ininterruptamente desde 1963, publica artigos sobre a matemática relacionada a essa sequência (Enzensberger, 1998; O'Connor; Robertson, 2015).

nado **pivô**). Se $p$ está na linha $i$, sendo $i \neq j$, então permuta as linhas $i$ e $j$ entre si. O programa retorna a matriz **C** pivotada. Esse algoritmo será utilizado pelo algoritmo SLGAUSS (p. 61) no Capítulo 4.

---

**Algoritmo 3** PIVOTAMENTOPARCIAL

---

**entrada** : $\mathbf{C}$, $n$, $j$
**saída** : $\mathbf{C}$
*Inicialização*
$p \leftarrow |C_{j,\,j}|$
$k \leftarrow j$
*Busca pivô*
**para** $i \leftarrow j + 1 : n$
  **se** $|C_{i,\,j}| > p$ **então**
    $p \leftarrow |C_{i,\,j}|$
    $k \leftarrow i$
  **fim**
**fim**
*Pivotamento impossível*
**se** $p = 0$ **então**
  **Erro:** Pivotamento impossível
**fim**
*Permutação das linhas $j$ e $k$*
**se** $k > j$ **então**
  $\mathbf{T} \leftarrow \mathbf{C}_{j,:}$
  $\mathbf{C}_{j,:} \leftarrow \mathbf{C}_{k,:}$
  $\mathbf{C}_{k,:} \leftarrow \mathbf{T}$
**fim**

---

CAPÍTULO 2

# Erros e aritmética computacional

Ao contrário do que julga o senso comum, o computador não é uma máquina de calcular *perfeita*. Os cálculos efetuados no computador estão sujeitos a erros (em maior ou menor magnitude). A compreensão da natureza desses erros permite estabelecer estratégias (algoritmos) para a resolução de problemas. Neste capítulo, abordaremos a forma como os números são armazenados pelo computador e como os erros aparecem. Veremos também uma estratégia geral de abordagem dos algoritmos numéricos: os refinamentos sucessivos.

## 2.1 Resolução de problemas numéricos

Nas ciências e engenharias, o computador cumpre um papel importante no processo de resolução de problemas, especialmente quando cálculos aritméticos são muito utilizados. O processo de resolução de problemas, muitas vezes, envolve algum artifício e engenhosidade. Embora não se possa estabelecer uma regra única, podemos dizer que, de um modo geral, a resolução de problemas segue os seguintes passos:

1. **Definição do problema:** O que se quer resolver? Qual é a natureza do problema: teórica ou prática? Quais são as informações disponíveis? Quais áreas do conhecimento são aplicáveis?
2. **Modelagem matemática:** Como representar o problema matematicamente: desenho, esquemas, equações ou fórmulas?
3. **Resolução do problema matemático:** Existe solução? É única? Como determinar a solução? É possível encontrar solução exata (analítica) ou devemos optar por uma solução aproximada (numérica)?

No caso de se optar por uma resolução numérica:

1. **Determinação do método:** Existe algum método (algoritmo) disponível? Qual método é o mais indicado? Alguma adaptação ou elaboração é necessária?
2. **Codificação e implementação:** Qual é a linguagem a ser utilizada? Em que máquina ou sistema o programa vai rodar? O programa está funcionando corretamente?
3. **Processamento:** Resolver o problema.
4. **Análise de resultados:** O resultado é o esperado? É solução para o problema? Qual é a estimativa de erro? Qual é a precisão do resultado?

**EXEMPLO 2.1** *Uma esfera de madeira (densidade relativa $\mu_e = 0{,}638$ e raio $r = 10$ cm) é colocada a flutuar sobre a água (densidade relativa $\mu_a = 1$), conforme mostra a Figura 2.1. Qual é a altura d da esfera que ficará submersa? (Mathews, 1992).*

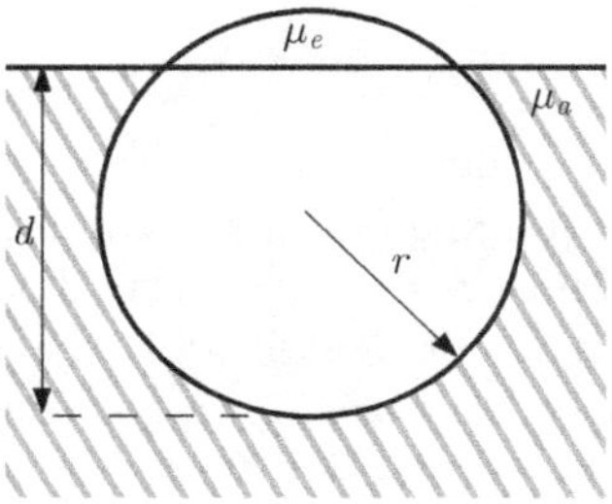


**FIGURA 2.1** Uma esfera flutuante.

**SOLUÇÃO** Para encontrar o valor de $d$, inicialmente observamos que, pelo *Princípio de Arquimedes*[1], o peso da *esfera* deve ser equilibrado pelo peso da água *deslocada* por sua porção submersa:

$$M_e g = M_a g$$
$$\mu_e \frac{4\pi r^3}{3} = \mu_a \int_0^d \pi \left[r^2 - (x-r)^2\right] dx$$
$$= \mu_a \frac{\pi d^2(3r-d)}{3}$$
$$4\mu_e r^3 = \mu_a d^2(3r-d). \tag{2.1}$$

Após a substituição de valores, a expressão (2.1) pode ser reescrita como

$$d^3 - 30d^2 + 2552 = 0. \tag{2.2}$$

A solução do problema consiste em encontrar o valor de $d$ que satisfaz (2.2). A solução *analítica* de (2.2), embora existente, é um tanto complicada (veja o Problema 3.27). A solução *numérica* pode ser obtida calculando os valores de $f(x) = x^3 - 30x^2 + 2552$ de forma sistemática.

Na primeira tabela mostrada a seguir, vemos os valores de $x$ e $f(x)$ calculados no intervalo $0 \leq x \leq 20$. Como a função é *contínua* e *troca de sinal* no intervalo $10 \leq x \leq 12$ (assinalado com *), deduzimos que o valor procurado de $d$ está *dentro desse intervalo*. A segunda tabela mostra os valores calculados no intervalo *refinado* $10{,}0 \leq x \leq 12{,}0$. Por raciocínio semelhante, deduzimos que $11{,}8 < d < 12{,}0$, depois que $11{,}86 < d < 11{,}88$ e, por fim, $11{,}860 < d < 11{,}862$.

[1] Arquimedes de Siracusa (287 a. C. -212 a. C.) foi o maior matemático de sua época. Seu principal legado são suas contribuições na geometria: seus métodos para determinação de áreas e volumes anteciparam o cálculo integral dois mil anos antes de Newton e Leibniz. Homem bastante prático, inventou uma grande variedade de máquinas e dispositivos, incluindo polias e bombas d'água (O'Connor; Robertson, 2015).

| $x$ | $f(x)$ | $x$ | $f(x)$ | $x$ | $f(x)$ | $x$ | $f(x)$ |
|---|---|---|---|---|---|---|---|
| 0 | 2552 | 10,0 | 552,0 | 11,80 | 17,83 | *11,860 | 0,4349 |
| 2 | 2440 | 10,2 | 492,0 | 11,82 | 12,03 | *11,862 | -0,1444 |
| 4 | 2136 | 10,4 | 432,1 | 11,84 | 6,23 | 11,864 | -0,7235 |
| 6 | 1688 | 10,6 | 372,2 | *11,86 | 0,43 | 11,866 | -1,3027 |
| 8 | 1144 | 10,8 | 312,5 | *11,88 | -5,36 | 11,868 | -1,8818 |
| *10 | 552 | 11,0 | 253,0 | 11,90 | -11,14 | 11,870 | -2,4608 |
| *12 | -40 | 11,2 | 193,7 | 11,92 | -16,92 | 11,872 | -3,0398 |
| 14 | -584 | 11,4 | 134,7 | 11,94 | -22,70 | 11,874 | -3,6187 |
| 16 | -1032 | 11,6 | 76,1 | 11,96 | -28,47 | 11,876 | -4,1977 |
| 18 | -1336 | *11,8 | 17,8 | 11,98 | -34,24 | 11,878 | -4,7765 |
| 20 | -1448 | *12,0 | -40,0 | 12,00 | -40,00 | 11,880 | -5,3553 |

Assim, um valor aceitável para a porção $d$ da esfera que ficará submersa é $d \approx 11{,}861$ cm.

**Importante** O Exemplo 2.1 mostra um recurso muito comum na resolução de problemas numéricos: a partir de uma *estimativa inicial* de solução, segue uma sequência de *refinamentos* que convergem para uma *estimativa final* de solução com a qualidade desejada.

## 2.2 Representação numérica de ponto flutuante

Na maioria dos computadores, os números são representados na *base binária normalizada* (semelhante à *notação científica*). Por exemplo,

$$
\begin{aligned}
x &= (5{,}125)_{10}\\
&= 4 + 1 + 0{,}125\\
&= 2^2 + 2^0 + 2^{-3}\\
&= 1 \times 2^2 + 0 \times 2^1 + 1 \times 2^0 + 0 \times 2^{-1} + 0 \times 2^{-2} + 1 \times 2^{-3}\\
&= (101{,}001)_2\\
&= (1{,}01001)_2 \times 2^2\\
&= (1{,}\underline{\mathbf{01001}})_2 \times 2^{(\underline{\mathbf{10}})_2}\\
&= (1{,}f)_2 \times 2^{(e)_2},
\end{aligned}
$$

onde $f = \underline{\mathbf{01001}}$ e $e = \underline{\mathbf{10}}$ são, respectivamente, a *parte fracionária* e o *expoente* da representação binária de ponto flutuante de $x$.

Nos sistemas computacionais que utilizam o padrão aritmético IEEE 754, a **representação interna** de um número é dada por uma sequência de $k$ dígitos binários (*bits*)

$$(s,\ e_1,\ e_2, \ldots,\ e_p,\ f_1,\ f_2, \ldots,\ f_t).$$

O *bit* $s$ representa o sinal no número: $s = 0$ para números positivos e $s = 1$ para números negativos. Os *bits* $f_1 f_2 \ldots f_t = f$ representam a parte fracionária do número. Os *bits* $e_1 e_2 \ldots e_p$ estão associados ao expoente $e$ do número. Os detalhes técnicos são um tanto complicados, mas podemos simplificar dizendo que o expoente $e$ está em um intervalo especificado por $[e_{min}, e_{max}]$.

A consequência mais importante dessa representação é que, ao contrário do conjunto $\mathbb{R}$ dos números reais, o conjunto $\mathbb{F}$ dos números efetivamente representáveis pela máquina é intrinsecamente *finito*, *discreto* e *limitado*. Isto é, nem todo número real pode ser representado na máquina.

A Figura 2.2 mostra os números de ponto flutuante (positivos) representáveis com os parâmetros $t = 2$, $e_{min} = -2$ e $e_{max} = 2$.

Observe que apenas vinte valores positivos são representáveis (pois $\mathbb{F}$ é finito). Observe que existe um "espaço" entre cada dois números (pois $\mathbb{F}$ é discreto), bem como a existência de um maior número $F_{max}$ e de um menor número $F_{min}$ (pois $\mathbb{F}$ é limitado).

No padrão IEEE 754, os números de ponto flutuante são representados por um conjunto de $k = 64$ bits com $t = 52$ bits para a parte fracionária e $p = 11$ para o expoente.

Observemos que o "espaço" entre $(1.00\ldots00)_2$ e $(1.00\ldots01)_2$ tem tamanho

$$\epsilon = 2^{-t} = 2^{-52} \approx 2{,}2204 \times 10^{-16}. \tag{2.3}$$

Isso determina a **precisão** da representação numérica.

**Usando o MATLAB** Para obter a precisão da máquina, usamos o comando

```
>> eps
ans = 2.2204e-016
```

Observe que

```
>> 1 + eps > 1
ans = 1             (verdadeiro!)
>> 1 + eps/2 > 1
ans = 0             (falso!)
```

O algoritmo EPSILONMAQ calcula a precisão de qualquer sistema computacional.

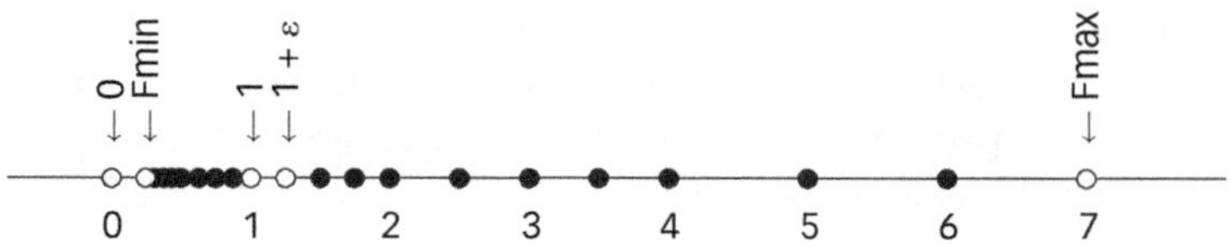


**FIGURA 2.2** Números de ponto flutuante com parâmetros $t = 2$, $e_{min} = -2$ e $e_{max} = 2$.

Com $p = 11$ dígitos, são possíveis $2^{11} = 2048$ combinações que representam 2046 expoentes, desde $e_{min} = -1022$ até $e_{max} = 1023$. O **maior número representável** é

$$F_{max} = (2 - \epsilon) \times 2^{e_{max}} = (1{,}11\ldots11)_2 \times 2^{1023} \approx 1{,}7977 \times 10^{308}. \quad (2.4)$$

**Algoritmo 4** EPSILONMAQ

**entrada** : nenhuma
**saída** : $\epsilon$

$t \leftarrow 1$
**enquanto** $1 + t > 1$
  $t \leftarrow t/2$
**fim**
$\epsilon \leftarrow 2t$

**Usando o MATLAB** O maior número representável é dado pelo comando

```
>> realmax
ans = 1.7977e1308
```

Observe que

```
>> realmax + 1 > realmax
ans = 0                    (falso!)
>> 2*realmax
ans = Inf                  (overflow!)
```

O **menor número representável** (normalizado) é

$$F_{min} = 1 \times 2^{e_{min}} = (1{,}00\ldots00)_2 \times 2^{-1022} \approx 2{,}2251 \times 10^{-308}. \quad (2.5)$$

**Usando o MATLAB** O menor número representável é dado pelo comando

```
>> realmin
ans = 2.2251e-308
```

O menor número representável (não normalizado) é

$$(0{,}00\ldots01)_2 \times 2^{-1022} = \epsilon \times 2^{-1022} \approx 4,9407 \times 10^{-324}.$$

**Usando o MATLAB** Valores menores que o menor número representável (não normalizado) são arredondados para zero, o que ocasiona o *underfow*:

```
>> a = eps * 2^-1022
a = 4.9407e-324
>> b = a/2
b = 0                    (underflow!)
```

As duas combinações não utilizadas para o expoente são reservadas para os valores especiais `NaN` (*Not a Number*) que representam resultados aritméticos indefinidos e `Inf` que representa *overfow*.

**Usando o MATLAB** Alguns resultados de operações aritméticas:

```
>> 1/0
ans = Inf
>> 0/0
ans = NaN
```

**EXEMPLO 2.2** *Os parâmetros utilizados na representação numérica mostrada na Figura 2.2 são* $t = 2$, $e_{min} = -2$ *e* $e_{max} = 2$. *Determine os valores de* $\epsilon$, $F_{min}$ *e* $F_{max}$.

**SOLUÇÃO** Usando as equações (2.3), (2.4) e (2.5) temos

$$\epsilon = 2^{-t} = 2^{-2} = 0{,}25$$
$$F_{min} = 1 \times 2^{e_{min}} = 1 \times 2^{-2} = 0{,}25$$
$$F_{max} = (2 - \epsilon) \times 2^{e_{max}} = (2 - 0{,}25) \times 2^2 = 7$$

## 2.3 Erros nos processos numéricos

Em decorrência do que foi visto nas seções anteriores, os cálculos aritméticos efetuados pela máquina estarão impregnados de algum tipo de imprecisão ou erro. Nesta seção, descrevemos de forma sucinta dois tipos básicos de erro: o erro de **arredondamento** e o erro de **truncamento**.

### 2.3.1 Erro de arredondamento

O erro de arredondamento é devido à representação numérica finita da máquina. Por exemplo, o número $\pi$ é irracional e sua representação decimal tem *infinitos* dígitos. No entanto, a máquina armazena e apresenta apenas uma quantidade *finita* de dígitos.

**Usando o MATLAB** O MATLAB realiza cálculos usando precisão de 52 dígitos binários e apresenta seus resultados arredondados em, no máximo, 16 dígitos decimais:

```
>> format long
>> pi
ans = 3.141592653589793
```

Também pode ocorrer erro de arredondamento quando um número na base 10 é convertido para a base 2. Por exemplo, o número 0,6 possui representação decimal *finita*, mas representação binária *infinita*:

$$(0{,}6)_{10} = (0{,}1001100110011\ldots)_2.$$

Esse tipo de situação pode acarretar erros de arredondamento nas operações aritméticas de ponto flutuante.

**Usando o MATLAB** Na aritmética convencional, a soma é comutativa; na aritmética computacional, nem sempre isso é verdade.

```
>> a = 0.1 + 0.2 + 0.3 + 0.4, b = 0.4 + 0.3 + 0.2 + 0.1
a =
     1
b =
     1.0000
```

Aparentemente, tanto `a` quanto `b` são iguais a 1. Note, no entanto, que o formato de apresentação é distinto. Ao fazermos uma comparação de igualdade, obtemos:

```
>> a == b
ans =
      0
```

O resultado 0 obtido na comparação mostra que `a` e `b` não são iguais. O formato de apresentação hexadecimal permite visualizar a forma como os valores são armazenados internamente (padrão IEEE):

```
>> format hex, a, b
a =
   3ff0000000000000
b =
   3fefffffffffffff
```

Cada dígito hexadecimal representa quatro dígitos binários: $(0)_{16} = (0000)_2$, $(1)_{16} = (0001)_2$, $(2)_{16} = (0010)_2$, ..., $(e)_{16} = (1110)_2$, $(f)_{16} = (1111)_2$.

No formato hexadecimal, o MATLAB mostra a representação interna do número. Os três primeiros dígitos representam os *bits* do sinal e do expoente e os demais representam os *bits* da parte fracionária (Moler, 1996). Assim, podemos "visualizar" a diferença na representação binária nos dois valores `a` e `b`.

### 2.3.2 Erro de truncamento

O erro de truncamento é devido à interrupção de processos infinitos. Por exemplo, o processo de cálculo do valor de $d$ no Exemplo 2.1 foi interrompido no intervalo

$$11{,}860 \leq d \leq 11{,}862.$$

Poderíamos ter levado o processo adiante e ter encontrado o intervalo

$$11{,}861501508120412 \leq d \leq 11{,}861501508120413.$$

No entanto, não poderíamos *refinar* (subdividir) mais esse intervalo, pois a *precisão* da máquina não permite distinguir extremos de intervalos de tamanho *menor* que esse.

Por exemplo, a constante de Euler[2] ($e = 2{,}7183\ldots$) pode ser obtida pela série infinita

$$e = \sum_{k=0}^{+\infty} \frac{1}{k!} = 1 + 1 + \frac{1}{2!} + \frac{1}{3!} + \frac{1}{4!} + \frac{1}{5!} + \cdots \tag{2.6}$$

Computacionalmente, não é possível somar os infinitos termos de (2.6), logo a série deve ser truncada. A soma dos *três* primeiros termos é 2,5000, enquanto a soma dos *seis* primeiros termos é 2,7167. Quanto mais termos, maior será a quantidade de dígitos "corretos".

## 2.4 Notação

No estudo dos erros computacionais, alguns termos e definições (bem como sua notação) são importantes. Seguem alguns:

1. **Valor exato**, $\hat{x}$. O valor verdadeiro, correto, real, de uma variável. Em geral, a solução procurada de algum problema. Por exemplo,

$$\hat{x} = e = 2{,}718281828459046\ldots$$

2. **Valor aproximado**, $x$. Aproximação para o valor exato, estimativa, impregnada de algum erro. Em geral, a resposta de algum processo numérico. Também chamado de valor estimado, valor computado. Por exemplo,

$$x = \frac{1264}{465} \approx 2{,}718279569892473.$$

3. **Erro**, $\epsilon$. Diferença entre valor aproximado e exato:

$$\epsilon = x - \hat{x}.$$

[2] Ver nota biográfica na p. 140.

Por exemplo,

$$\begin{aligned}\epsilon &= \frac{1264}{465} - e \\ &\approx 2{,}718279569892473 - 2{,}718281828459046 \\ &= -2{,}258566572432841 \times 10^{-6}.\end{aligned}$$

4. **Erro relativo**, $\epsilon_{\text{rel}}$. É a razão entre o erro e o valor exato:

$$\epsilon_{\text{rel}} = \frac{x - \hat{x}}{\hat{x}}.$$

Por exemplo,

$$\begin{aligned}\epsilon_{\text{rel}} &= \frac{2{,}718279569892473 - 2{,}718281828459046}{2{,}718281828459046} \\ &= -8{,}308802085150933 \times 10^{-7}.\end{aligned}$$

Note que tanto o *erro* quanto o *erro relativo* podem ser positivos ou negativos, denotando aproximações por excesso ou por falta. No entanto, nos critérios de parada dos algoritmos, em geral, utiliza-se o *valor absoluto* destas quantidades.

5. **Dígitos significativos exatos**, DSE. É o maior valor de $k$ tal que os números $x$ e $\hat{x}$ *arredondados* para os primeiros $k$ *dígitos* decimais são iguais. Dizemos que $x$ possui $k$ *dígitos* significativos exatos em relação a $\hat{x}$. Por exemplo,

$$\begin{aligned}x &= \frac{1264}{465} &&\approx \underline{2{,}71827}9569892473 \approx 2{,}71828 \\ \hat{x} &= e &&\approx \underline{2{,}71828}1828459046 \approx 2{,}71828 \Rightarrow DSE = 6.\end{aligned}$$

**Atenção**: Existe uma importante relação entre o *erro relativo* e a quantidade de *dígitos significativos exatos*:

$$|\epsilon_{\text{rel}}| < 0{,}5 \times 10^{-m} \Rightarrow DSE \geq m. \tag{2.7}$$

Por exemplo,

$$\begin{aligned}|\epsilon_{\text{rel}}| &\approx 8 \times 10^{-7} \\ &= 0{,}8 \times 10^{-6} \\ &= 0{,}08 \times 10^{-5} < 0{,}5 \times 10^{-5} \Rightarrow DSE \geq 5.\end{aligned}$$

6. **Tolerância**, *tol*. Valor máximo admitido para o erro relativo (ou erro) em um processo numérico. Em geral, usado como *critério de parada* em algoritmos iterativos. Para cálculos *manuais*, em geral, usa-se o valor de $0{,}5 \times 10^{-3}$. Para cálculos *computacionais*, os valores típicos são $0{,}5 \times 10^{-6}$ (precisão simples) e $0{,}5 \times 10^{-12}$ (precisão estendida).

**EXEMPLO 2.3** *Determine o erro, o erro relativo e o número de dígitos significativos exatos de* $x = \frac{22}{7}$ *em relação a* $\hat{x} = \pi$.

**SOLUÇÃO** Como $\hat{x} = \pi = 3{,}141592653589793\ldots$ e $x = \frac{22}{7} = 3{,}142857142857143\ldots$ o erro é dado por

$$\begin{aligned} \epsilon &= x - \hat{x} \\ &\approx 3{,}142857142857143 - 3{,}141592653589793 \\ &= 0{,}00126448926735. \end{aligned}$$

O erro relativo é

$$\begin{aligned} \epsilon_{\text{rel}} &= \frac{x - \hat{x}}{\hat{x}} \\ &= \frac{3{,}142857142857143 - 3{,}141592653589793}{3{,}141592653589793} \\ &= 4{,}024994347707008 \times 10^{-4}. \end{aligned}$$

Os valores de $x$ e $\hat{x}$ podem ser arredondados para

$$\begin{aligned} x &\approx \underline{3{,}14}2857142857143 \approx 3{,}14 \\ \hat{x} &\approx \underline{3{,}14}1592653589793 \approx 3{,}14 \Rightarrow DSE = 3. \end{aligned}$$

---

Observemos que se o valor exato $\hat{x} = 0$, então o *erro* deve ser usado em vez do *erro relativo*.

Como o cálculo do erro relativo e da diferença relativa são utilizados com frequência, é conveniente escrever um algoritmo específico. Veja o algoritmo ErroRel.

**Importante** Note que se as entradas do algoritmo, $x_1$ e $x_2$, representam *duas aproximações* para um dado valor exato $\hat{x}$ então a saída, $\epsilon_{\text{rel}}$, representa a *diferença relativa* entre as aproximações. Caso as entradas do algoritmo sejam $x$ e $\hat{x}$ representando *uma aproximação* e *um valor exato*, então a saída, $\epsilon_{\text{rel}}$, representa o *erro relativo* entre a aproximação e o valor exato.

**Algoritmo 5** ErroRel

**entrada** : $x_1$, $x_2$
**saída** : $\epsilon_{\text{rel}}$
**se** $x_2 = 0$ **então**
  $\epsilon_{\text{rel}} \leftarrow x_1$
**senão**
  $\epsilon_{\text{rel}} \leftarrow \dfrac{x_1 - x_2}{x_2}$
**fim**

## 2.5 Estimativas para o erro

Como não é possível conhecer o erro *exatamente* sem conhecer o valor exato $\hat{x}$, em geral, assumimos uma *aproximação* ou uma *tolerância* (cota) para o erro. Essa estimativa ou tolerância depende de algum fato teórico sobre o problema a ser resolvido. O exemplo a seguir mostra como se pode *estimar* usando um argumento engenhoso.

**EXEMPLO 2.4** *Encontre, de forma iterativa, uma representação decimal de* $\hat{x} = \sqrt{53}$ *usando apenas as quatro operações aritméticas.*

**SOLUÇÃO** Como a função dada por $f(x) = \sqrt{x}$ é *estritamente crescente*, temos que $a < b \Leftrightarrow \sqrt{a} < \sqrt{b}$. Assim, se $\sqrt{49} < \sqrt{53} < \sqrt{64}$, podemos afirmar que $7 < \hat{x} < 8$. Fazendo a primeira estimativa

$$x_1 = 7{,}5$$

tem-se que o erro $|\epsilon| = |x - \hat{x}| \leq 0{,}5$. Isto significa que 0,5 é uma *cota* para o erro.

No entanto, o valor $x_1 = 7{,}5$ não é uma boa estimativa, uma vez que $(7{,}5)^2 = 56{,}25$ está um pouco afastado de 53 (um *resíduo* de 3,25). Um raciocínio mais sofisticado pode nos levar a resultados melhores.

Se $\hat{x} = \sqrt{53}$ e $\epsilon = x - \hat{x}$ então

$$\hat{x} = x - \epsilon \tag{2.8}$$

logo,

$$\begin{aligned} \hat{x}^2 &= (x - \epsilon)^2, \\ 53 &= x^2 - 2x\epsilon + \epsilon^2. \end{aligned}$$

Se $|\epsilon| < 1$ então $\epsilon^2 < |\epsilon|$, logo,

$$53 \approx x^2 - 2x\epsilon$$

e, portanto,

$$\epsilon \approx \frac{x^2 - 53}{2x}. \tag{2.9}$$

Da estimativa inicial $x_1 = 7{,}5$ e de (2.9) podemos estimar o erro

$$\epsilon_1 \approx 0{,}2167,$$

isto é, $x_1$ deve estar superestimando $\hat{x}$ por 0,2176. Assim, a partir de (2.8), podemos obter uma segunda estimativa

$$\begin{aligned} x_2 &= x_1 - \epsilon_1 \\ &= 7{,}5 - 0{,}2167 \\ &= 7{,}2833 \end{aligned}$$

Agora, o valor $x_2$ é uma estimativa melhor, uma vez que $(7{,}2833)^2 = 53{,}0469 \approx 53$ (um *resíduo* de 0,0469). Combinando as equações (2.8) e (2.9) obtemos

$$\hat{x} \approx \frac{1}{2}\left(x + \frac{53}{x}\right).$$

Substituindo $\hat{x}$ por $x_k$ e $x$ por $x_{k-1}$ obtemos uma fórmula recursiva:

$$x_k = \frac{1}{2}\left(x_{k-1} + \frac{53}{x_{k-1}}\right). \tag{2.10}$$

A partir de uma estimativa inicial $x_1$, a fórmula recursiva (2.10) fornece uma sequência de valores $x_2$, $x_3$, $x_4$,... que converge rapidamente para $\sqrt{53}$ como mostra a tabela a seguir.

| $k$ | $x_k$ | diferença relativa | DSE (estimativa) |
|---|---|---|---|
| 1 | 7,500000000000000 | – | – |
| 2 | 7,283333333333333 | $2{,}9748 \times 10^{-2}$ | 1 |
| 3 | 7,280110602593441 | $4{,}4268 \times 10^{-4}$ | 3 |
| 4 | 7,280109889280553 | $9{,}7981 \times 10^{-8}$ | 6 |
| 5 | 7,280109889280518 | $4{,}7580 \times 10^{-15}$ | 14 |
| 6 | 7,280109889280518 | 0 | 16 |

A partir do exemplo, podemos observar que o valor calculado para $x_6$ coincide com o valor "exato" obtido com o MATLAB:

```
>> sqrt(53)
ans = 7.280109889280518
```

Os valores de DSE mostrados na tabela são *estimados*. Durante o processo iterativo, o valor exato $\hat{x}$ é desconhecido, mas podemos *estimar* o erro relativo usando a *diferença relativa* de valores sucessivos de $x$:

$$\epsilon_{\text{rel}} \approx \text{diferença relativa} = \frac{x_{k-1} - x_k}{x_k}.$$

Na última iteração, o DSE é estimado verificando que os 16 dígitos de $x_5$ e $x_6$ são iguais. No MATLAB, usando o padrão IEEE 754, não é possível obter DSE > 16.

O algoritmo RaizQuadrada generaliza o problema. Observe que o algoritmo apresenta a estrutura típica de processos iterativos: estimativa inicial, refinamentos sucessivos, estimativa para erro relativo, número máximo de passos permitido, tolerância para erro relativo, etc.

**Algoritmo 6** RAIZQUADRADA

**entrada** : $n$, $x$, $tol$, $k_{max}$
**saída** : $x$, $\epsilon_{\text{rel}}$, $k$

$k \leftarrow 1$
$\epsilon_{\text{rel}} \leftarrow +\infty$
**enquanto** $k < k_{max}$ **e** $|\epsilon_{\text{rel}}| > tol$
  $k \leftarrow k + 1$
  $u \leftarrow x$
  $x \leftarrow \frac{1}{2}\left(x + \frac{n}{x}\right)$
  $\epsilon_{\text{rel}} \leftarrow$ ERROREL$(u,x)$
**fim**

## 2.6 Convergência nos processos numéricos

Nos processos iterativos, as soluções são obtidas a partir de uma sucessão de estimativas $x_1$, $x_2$,... que se aproxima do valor exato $\hat{x}$. Dizemos que uma sequência $(x_k)$ **converge** para $\hat{x}$ se, e somente se,

$$\lim_{k \to +\infty} x_k = \hat{x}.$$

A "velocidade" com que a sequência converge para o valor exato indica quão rápida será a aproximação. Quanto *maior* for a velocidade de convergência, *menor* será a quantidade necessária de passos para se atingir determinada tolerância.

Dada uma sequência $(x_k)$ que converge para $\hat{x}$, se existem constantes positivas $c$ e $r$ tais que

$$\lim_{k \to +\infty} \frac{|x_k - \hat{x}|}{|x_{k-1} - \hat{x}|^r} = \lim_{k \to +\infty} \frac{|\epsilon_k|}{|\epsilon_{k-1}|^r} = c, \tag{2.11}$$

então dizemos que $c$ é o **coeficiente assintótico de convergência** e $r$ é a **ordem de convergência**. Quanto maior o valor de $r$, mais rápida será a convergência da sequência:

- Se $r = 1$ e $c < 1$, então a convergência é dita de ordem **linear**.
- Se $r > 1$, então a convergência é dita de ordem **superlinear**.
- Se $r = 2$, então a convergência é dita de ordem **quadrática**.

Observe que a definição dada pela equação (2.11) equivale a dizer que, à medida que o processo iterativo avança, tem-se

$$|\epsilon_k| \approx c|\epsilon_{k-1}|^r.$$

De forma intuitiva, a ordem de convergência está associada ao ganho de DSE a cada passo. Para sequências de ordem linear, a quantidade de DSE ganhos a cada passo é aproximadamente *constante*. Já para sequências de ordem superlinear, a quantidade de DSE ganhos *aumenta* a cada passo. A sequência obtida no Exemplo 2.4 tem convergência de ordem *quadrática*, uma vez que a quantidade de DSE aproximadamente *dobra* a cada passo.

Na avaliação das qualidades, potencialidades e limitações dos algoritmos empregados na resolução de problemas numéricos, as análises de convergência e erro são fundamentais. Ao longo dos próximos capítulos, sempre que possível, breves considerações sobre a convergência ou erro dos métodos estudados serão apresentadas. Para o estudante interessado em aprofundar essas análises, recomendamos Burden e Faires (2008), Cláudio e Marins (1989) e Mathews (1992).

## 2.7 Problemas

### Representação de ponto flutuante

*Nos Problemas 2.1 e 2.2, suponha que uma máquina tenha representação de ponto flutuante com os parâmetros dados. Determine (a) a precisão $\epsilon$ da máquina, (b) o menor número representável $F_{min}$ e (c) o maior número representável $F_{max}$.*

**2.1.** $t = 8$, $e_{min} = -63$, $e_{max} = 64$.

**2.2.** $t = 45$, $e_{min} = -255$, $e_{max} = 256$.

**2.3.** O que é *overflow*? Dê um exemplo de comando do MATLAB que resultaria em *overfow*.

**2.4.** O que é *underflow*? Dê um exemplo de comando do MATLAB que resultaria em *underfow*.

*Considere as expressões mostradas nos Problemas 2.5 e 2.6. Para cada uma, (a) determine o seu valor exato algebricamente (resolva à mão). (b) Determine o seu valor aproximado numericamente (use o MATLAB). Use o comando* `format hex` *e verifique se o que foi calculado em (a) é igual ao calculado em (b).*

**2.5.** $x = \frac{1}{6} + \frac{1}{6} + \frac{1}{6} + \frac{1}{6} + \frac{1}{6} + \frac{1}{6}$.

**2.6.** $y = \dfrac{\frac{4}{11} - \frac{1}{3}}{\frac{1}{6} - \frac{5}{31}} + \frac{4}{11}$.

**2.7.** Na aritmética, a igualdade $n \times \left(\frac{1}{n}\right) = 1$ é verdadeira para todo $n \neq 0$. Na aritmética computacional, isso nem sempre é verdade. Encontre o menor inteiro positivo para o qual a igualdade seja falsa.

**2.8.** Às vezes, utilizando o MATLAB, obtemos um NaN como resultado de uma operação aritmética. O que isso significa? Dê um exemplo.

**2.9.** ☞ Implemente, na sua linguagem favorita, o algoritmo EPSILONMAQ e determine a precisão de seu sistema computacional. Compare o resultado com o comando `eps` do MATLAB.

### Erro, erro relativo, DSE

*Nos Problemas 2.10 a 2.13, determine (a) o erro $\epsilon$, (b) o erro relativo $\epsilon_{rel}$ e (c) o número de dígitos significativos exatos DSE obtidos ao se aproximar $\hat{x}$ por $x$.*

**2.10.** ✎ $\hat{x} = 123\,456$, $x = 123\,400$;

**2.11.** ✎ $\hat{x} = 1{,}000000$, $x = 0{,}999999$;

**2.12.** ✎ $\hat{x} = \sqrt{2}$, $x = \frac{577}{408}$;

**2.13.** ✎ $\hat{x} = \phi = (1 + \sqrt{5})/2$, $x = \frac{987}{610}$;

**2.14.** ✎ Hoje sabemos que a área de um círculo é dada por $\hat{A} = \pi r^2$, onde $r$ é o raio do círculo. No papiro de Ahmes[3] a área do círculo é aproximada pela área de um octógono (não regular) circunscrito. Em linguagem moderna, essa aproximação é equivalente a:

$$A = \left(\frac{8}{9}d\right)^2,$$

onde $d$ é o diâmetro do círculo. Determine uma expressão algébrica para o erro relativo $\epsilon_{\text{rel}}$ associado a essa aproximação.

*Nos Problemas 2.15 a 2.16, o número $r$ é uma aproximação para o valor exato $\hat{r}$ com erro relativo $\epsilon_{rel}$ dado. Estime a quantidade de DSE que $r$ possui.*

**2.15.** ✎ $\epsilon_{\text{rel}} = -7{,}23 \times 10^{-8}$

**2.16.** ✎ $\epsilon_{\text{rel}} = 4{,}92 \times 10^{-12}$

**2.17.** ✎ O número $s$ é uma aproximação para o valor exato $\hat{s}$ com menos de 5 dígitos significativos exatos. Qual é o erro relativo?

**2.18.** ☞ Implemente, na sua linguagem favorita, o algoritmo ERROREL. Verifique seu funcionamento comparando os resultados com os do Exemplo 2.3.

[3] Ahmes (1680? a.C. – 1620? a.C.), escriba egípcio que transcreveu uma série de problemas matemáticos envolvendo multiplicação, divisão, frações unitárias, equações, progressões, áreas e volumes. O papiro (descoberto em 1858 por Alexander Henry Rhind) atualmente se encontra no Museu Britânico (O'Connor; Robertson, 2015).

**2.19.** A tabela a seguir mostra algumas *aproximações* para $\pi$ usadas nos primórdios da Matemática (Beckmann, 1974).

| valor | autor | época |
|---|---|---|
| $p_1 = 3\frac{1}{8}$ | Babilônios | $\sim$ 2000 a. C. |
| $p_2 = (\frac{16}{9})^2$ | Egípcios | $\sim$ 2000 a. C. |
| $p_3 = 3$ | Chineses | $\sim$ 1200 a. C. |
| $p_4 = 3\frac{1}{7}$ | Arquimedes | $\sim$ 300 a. C. |
| $p_5 = \frac{377}{120}$ | Ptolomeu | $\sim$ 200 |
| $p_6 = \sqrt{10}$ | Chung Hing | $\sim$ 300 |
| $p_7 = \frac{355}{113}$ | Valentius Otho | 1573 |

(a) Qual é o erro relativo de cada aproximação?

(b) Quais erram por excesso? Quais erram por falta?

(c) Qual é a melhor aproximação? Qual é a pior aproximação?

**2.20.** Considere a função fatorial

$$\hat{f}(n) = n! = n \cdot (n-1) \cdots 3 \cdot 2 \cdot 1.$$

Em 1730, Stirling[4] desenvolveu a fórmula de aproximação

$$f(n) = \sqrt{2\pi n}\left(\frac{n}{e}\right)^n$$

para a função fatorial.

(a) Obtenha os valores de $\hat{f}(n)$ e $f(n)$ para $n = 5, 10, 15, 20$.

(b) Determine o erro relativo $\epsilon_{\text{rel}}$ de cada aproximação. Adaptado de Hill e Moler (1988) e Scheinerman (2003).

**2.21.** Considere a seguinte expansão em série para $\text{sen}(x)$:

$$\text{sen}(x) = x - \frac{x^3}{3!} + \frac{x^5}{5!} - \frac{x^7}{7!} + \cdots$$

[4] James Stirling (1692 - 1770), matemático escocês. Estudou em Glasgow e mais tarde em Oxford. Seu primeiro trabalho científico *Lineae Tertii Ordinis Neutonianae*, de 1717, complementa a teoria de Newton relativa às curvas planas de grau 3. Seu mais importante trabalho, *Methodus Diferentialis*, de 1730, é um tratado sobre as séries infinitas, os métodos de soma, a interpolação e a quadratura. A fórmula de aproximação assintótica para a função fatorial está descrita em seu livro, cujo principal mérito é desenvolver métodos eficientes para a aceleração da convergência de séries (O'Connor; Robertson, 2015).

(a) Obtenha as aproximações para $\hat{t} = \text{sen}(\frac{\pi}{4})$ usando os $n = 3, 6, 9$ primeiros termos da série.

(b) Determine o erro relativo $\epsilon_{\text{rel}}$ de cada aproximação.

## Estimativas para o erro

**2.22.** Implemente o algoritmo RAIZQUADRADA na sua linguagem preferida e use-o para calcular os valores

$$a = \sqrt{2} \quad \text{e} \quad b = \sqrt{834}.$$

Verifique o seu funcionamento comparando os resultados com o comando `sqrt` do MATLAB. Use $tol = 0{,}5 \times 10^{-12}$.

**2.23.** Generalize o algoritmo RAIZQUADRADA para calcular $\sqrt[m]{n}$. Use-o para calcular os valores

$$a = \sqrt[3]{23} \quad \text{e} \quad b = \sqrt[5]{527}.$$

Sugestão: Leia atentamente a Seção 2.5 e obtenha uma fórmula recursiva semelhante a 2.10. Compare os resultados finais com `nthroot`.

*As sequências recursivas mostradas nos Problemas 2.24 a 2.25 são convergentes para os valores $\hat{x}$ mostrados. Para cada sequência, monte uma tabela contendo (a) os valores de $x_k$ para $k = 1, \ldots, 20$, (b) as diferenças relativas $\frac{x_{k-1} - x_k}{x_k}$ e (c) os erros relativos $\frac{x_k - \hat{x}}{\hat{x}}$. Verifique que os valores obtidos em (b) são aproximações razoáveis para os valores obtidos em (c).*

**2.24.** $x_1 = 1, \quad x_k = 1 + \frac{1}{x_{k-1}}, \quad \hat{x} = \frac{1+\sqrt{5}}{2}$

**2.25.** $x_1 = 1, \quad x_k = \sqrt{2 + x_{k-1}}, \quad \hat{x} = 2$

**2.26.** ✎ Sejam $x$ e $y$ valores aproximados para os valores exatos $\hat{x}$ $(\hat{x} \neq 0)$ e $\hat{y}(\hat{y} \neq 0)$, respectivamente. Os erro relativos são dados por

$$\epsilon_x = \frac{x - \hat{x}}{\hat{x}} \quad \text{e} \quad \epsilon_y = \frac{y - \hat{y}}{\hat{y}}.$$

Se $\hat{z} = \hat{x} + \hat{y}$ $(\hat{z} \neq 0)$, mostre que o erro relativo para $z$ é tal que:

(a) $\epsilon_z = \dfrac{\epsilon_x \cdot \hat{x} + \epsilon_y \cdot \hat{y}}{\hat{x} + \hat{y}}$;

(b) $\min(\epsilon_x, \epsilon_y) \leq \epsilon_z \leq \max(\epsilon_x, \epsilon_y)$.

O resultado obtido em (a) será usado no algoritmo QUADREC (p. 129).

CAPÍTULO 3

# Zeros de funções

## 3.1 Definição do problema

Seja $f: \mathbb{R} \to \mathbb{R}$. Um número $z$ é dito **zero** de $f$ se, e somente se,

$$f(z) = 0.$$

O problema que estudaremos consiste em *encontrar os zeros de uma função*, isto é, determinar os valores de $z$, se existirem, tais que $z$ seja zero de $f$.

**EXEMPLO 3.1** *Verifique que* $z_1 = 1$, $z_2 = 1{,}465571231876768$ *e* $z_3 = 0{,}588532743981861$ *são, respectivamente, zeros de*

$$f(x) = x^3 - x^2, \quad g(x) = x^3 - x^2 - 1 \quad e \quad h(x) = e^{-x} - \text{sen}(x).$$

**SOLUÇÃO** Inicialmente, verifiquemos que, trivialmente,

$$f(1) = 1^3 - 1^2 = 1 - 1 = 0.$$

Já para $g$ e $h$ a verificação requer um pouco mais de trabalho. No MATLAB:

```
>> z2 = 1.465571231876768; g = z2^3 - z2^2 - 1
g = -4.4409e-16
>> z3 = 0.588532743981861; h = exp(-z3) - sin(z3)
h = 1.1102e-16
```

Observe que os valores calculados de $g(z_2)$ e $h(z_3)$ não são *exatamente* zero, mas estão *muito próximos* de zero, isto é, muito próximos da precisão $\epsilon$ da máquina. Para efeitos computacionais, podem ser considerados *efetivamente* zeros.

Embora seja fácil *verificar* que os valores de $z_1$, $z_2$ e $z_3$ são os zeros das respectivas funções, *encontrá-los* é mais trabalhoso. A função $f$ do exemplo é uma função polinomial de grau 3 e que seus zeros são óbvios: $z = \{0, 1\}$. Sendo $z = 0$ um zero de multiplicidade 2. Já o zero de $g$ não é tão fácil de encontrar, pois não há uma fatoração imediata de $g$ e a fórmula exata é um tanto trabalhosa (veja o Problema 3.27). Ainda, na função $h$ a determinação algébrica de $z_3$ é *impossível*, isto é, não se pode encontrá-la em termos de funções elementares.

Os métodos numéricos para determinar zeros de funções consistem, basicamente, de duas fases:

1. **Isolamento:** Verificação da existência e unicidade dos zeros (considerações teóricas). Determinação de um *intervalo* $[a, b]$ contendo um zero de $f$ ou determinação de uma *estimativa inicial* $x_1 \approx z$. Na maioria dos casos, uma tabela de valores e um gráfico da função são suficientes.
2. **Refinamento:** Processo iterativo em que o intervalo $[a, b]$ é reduzido ou que novas estimativas $x_2, x_3,...$ são obtidas até que algum *critério de parada* seja satisfeito.

## 3.2 Método da bisseção

O método da bisseção é semelhante ao procedimento utilizado na resolução do Exemplo 2.1 e toma por base o Teorema do Anulamento:

**TEOREMA 3.1** (*Teorema do Anulamento*) *Seja $f$ uma função contínua em um intervalo $[a, b]$, tal que $f(a)$ e $f(b)$ tenham* sinais contrários. *Então existe (pelo menos) um $z \in (a, b)$ tal que $f(z) = 0$.*

Embora uma prova rigorosa do teorema possa ser encontrada em alguns livros de Cálculo (Guidorizzi, 2001), graficamente o seu entendimento é imediato: se o gráfico de uma função está, digamos, *abaixo* do eixo horizontal em $x = a$ e segue continuamente até que fique *acima* do eixo horizontal em $x = b$, então em algum ponto entre $a$ e $b$ ele passou *sobre* o eixo horizontal!

Considere a função $g$ do Exemplo 3.1. Como toda função polinomial, $g$ é contínua em toda parte. Além disso, $g(-1) = -3$ e $g(2) = 3$, isto é, a função troca de sinal nos extremos do intervalo $[-1, 2]$. Pelo Teorema 3.1, *existe* pelo menos um zero em $(-1, 2)$. A Figura 3.1 mostra o gráfico da função bem como a localização de seu zero.

O método da bisseção consiste nos seguintes passos:

**Passo 1:** Partir de um intervalo inicial $[a_1, b_1]$, tal que $f(a_1)$ e $f(b_1)$ tenham sinais contrários.

**Passo 2:** Na iteração $k$, dividir o intervalo $[a_k, b_k]$ em dois subintervalos $[a_k, x_k]$ e $[x_k, b_k]$, sendo

$$x_k = \frac{a_k + b_k}{2}$$

o ponto médio entre $a_k$ e $b_k$.

**Passo 3:** Decidir qual subintervalo contém o zero de $f$ e renomear $x_k$ de modo a obter um novo intervalo $[a_{k+1}, b_{k+1}]$ tal que $f(a_{k+1})$ e $f(b_{k+1})$ tenham sinais contrários.

**Passo 4:** Repetir os passos 2 e 3 até atingir a precisão desejada.

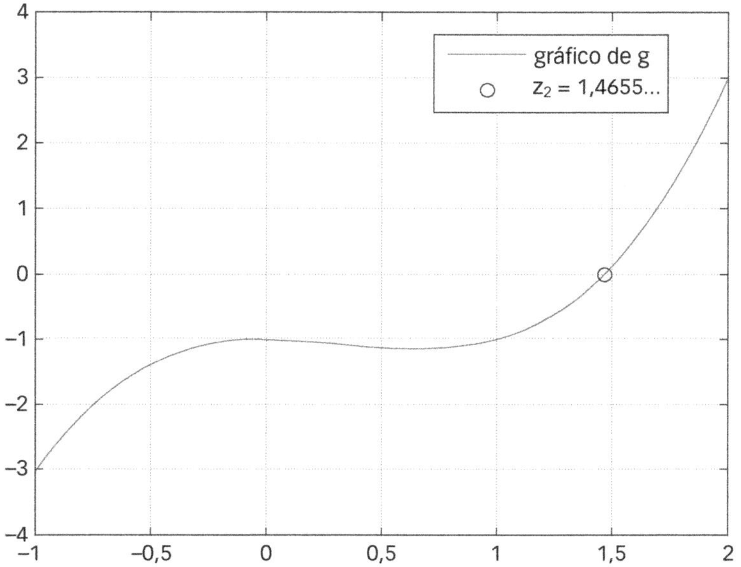


**FIGURA 3.1** O gráfico da função $g(x) = x^3 - x^2 - 1$ e seu zero.

Usualmente são utilizados os seguintes *critérios de parada*:

1. $|\epsilon_{\text{rel}}| \approx \left|\dfrac{x_{k-1} - x_k}{x_k}\right| < tol$;
2. $|\epsilon_{\text{rel}}| \approx \left|\dfrac{b_k - a_k}{2x_k}\right| < tol$;
3. $|\delta_{\text{rel}}| = |f(x_k)| < tol$;
4. $k > k_{\max}$.

Os critérios 1 e 2 estabelecem *estimativas* para o erro relativo $\epsilon_{\text{rel}}$ entre $z$ e $x_k$. O critério 3 fornece a magnitude do *resíduo* $\delta$ da função, isto é, a diferença entre $f(z) = 0$ e $f(x_k)$. O critério 4 estabelece um número máximo de iterações.

**EXEMPLO 3.2** *Usar o método da bisseção para determinar o zero de* $g(x) = x^3 - x^2 - 1$ *com pelo menos 3 DSE.*

**SOLUÇÃO** Calculando a função para alguns valores selecionados de $x$ obtemos:

```
>> x = 1 : 0.2 : 2
x =
    1.0000 1.2000 1.4000 1.6000 1.8000 2.0000
>> y = x.^3 - x.^2 -1
y =
   -1.0000 -0.7120 -0.2160 0.5360 1.5920 3.0000
```

Verificamos que $g$ troca de sinal no intervalo[1,4; 1,6], isto é, *isolamos* o zero nesse intervalo.

Agora, usamos o método da bisseção para refinar a solução e obtermos os valores mostrados na tabela a seguir:

| $k$ | $a_k$ | $x_k$ | $b_k$ | $g(a_k)$ | $g(x_k)$ | $g(b_k)$ | $\epsilon_{\text{rel}}$ |
|---|---|---|---|---|---|---|---|
| 1 | 1,4000 | 1,5000 | 1,6000 | –0,2160 | 0,1250 | 0,5360 | – |
| 2 | 1,4000 | 1,4500 | 1,5000 | –0,2160 | –0,0539 | 0,1250 | 0,0345 |
| 3 | 1,4500 | 1,4750 | 1,5000 | –0,0539 | 0,0334 | 0,1250 | –0,0169 |
| 4 | 1,4500 | 1,4625 | 1,4750 | –0,0539 | –0,0108 | 0,0334 | 0,0085 |
| 5 | 1,4625 | 1,4688 | 1,4750 | –0,0108 | 0,0112 | 0,0334 | –0,0043 |
| 6 | 1,4625 | 1,4656 | 1,4688 | –0,0108 | 0,0002 | 0,0112 | 0,0021 |
| 7 | 1,4625 | 1,4641 | 1,4656 | –0,0108 | –0,0053 | 0,0002 | 0,0011 |
| 8 | 1,4641 | 1,4648 | 1,4656 | –0,0053 | –0,0026 | 0,0002 | –0,0005 |
| 9 | 1,4648 | 1,4652 | 1,4656 | –0,0026 | –0,0012 | 0,0002 | –0,0003 |

Os valores de $\epsilon_{\text{rel}}$ são *estimados* de acordo com o critério de parada 1. Na última iteração, obtemos $|\epsilon_{\text{rel}}| < tol = 0{,}5 \times 10^{-3}$. Assim podemos estabelecer $z \approx 1{,}47$ com 3 DSE. O gráfico de $g$ já está desenhado na Figura 3.1.

Para obter $x = 1{,}465571231876768$ com $\epsilon_{\text{rel}} \approx -3{,}0301 \times 10^{-16}$ são necessárias 49 iterações. Observe, na tabela acima, que o *sinal* de $g(a)$ e de $g(b)$ permanecem os mesmos durante todo o processo iterativo. O algoritmo ZEROBISSEÇÃO sistematiza o método da bisseção utilizando os critérios de parada 1 e 4.

**Algoritmo 7** ZEROBISSEÇÃO

**entrada** : $f$, $a$, $b$, $tol$, $k_{\max}$
**saída** : $x$, $\epsilon_{\text{rel}}$, $k$
*Estimativa inicial*
$k \leftarrow 1$
$x \leftarrow \frac{1}{2}(a + b)$
$fx \leftarrow f(x)$
$fa \leftarrow f(a)$
$fb \leftarrow f(b)$
$\epsilon_{\text{rel}} \leftarrow +\infty$
Processo iterativo
**enquanto** $k < k_{\max}$ **e** $|\epsilon_{\text{rel}}| > tol$
  **se** $fa \cdot fx \leq 0$ **então**
    $b \leftarrow x$
    $fb \leftarrow fx$
  **senão**

12:     $a \leftarrow x$
13:     $fa \leftarrow fx$
14:     **fim**
15:     $k \leftarrow k+1$
16:     $u \leftarrow x$
17:     $x \leftarrow \frac{1}{2}(a+b)$
18:     $fx \leftarrow f(x)$
19:     $\epsilon_{\text{rel}} \leftarrow \text{ErroRel}(u, x)$
20: **fim**

Quanto à **convergência** do método da bisseção, podemos observar que as *condições necessárias* para que o método funcione são mínimas: $f$ deve ser contínua e trocar de sinal em um intervalo $[a, b]$ inicial (Teorema do Anulamento). Assumidas essas condições, o processo é *seguramente* convergente.

Observa-se também, que, como, em média, $|\epsilon_k| \approx \frac{1}{2}|\epsilon_{k-1}|$, o método possui convergência linear. São necessárias aproximadamente 3,3 iterações para cada DSE adicional. Essa convergência é considerada *lenta*.

## 3.3 Método de Newton-Raphson

O método de Newton[1]-Raphson[2] consiste em, a partir de uma *estimativa inicial* $x_1$ para o zero de $f$, obter aproximações sucessivas $x_2, x_3, \cdots$ que convergem para $z$. O método toma por base a expansão de $f$ em sua série de Taylor[3]:

$$f(x) = f(x_0) + f'(x_0)(x-x_0) + \frac{f''(x_0)(x-x_0)^2}{2!} + \cdots + \frac{f^{(k)}(\xi)(x-x_0)^k}{k!}.$$

---

[1] Isaac Newton (1643 - 1727), cientista inglês. Newton desenvolveu as bases do cálculo diferencial e integral. Por seus trabalhos na óptica e gravitação, é considerado o maior cientista de todos os tempos. Em seu *De metodis fuxionum et serierum infinitarum*, Newton descreve o método para encontrar zeros de funções polinomiais, dando como exemplo a função $f(x) = x^3 - 2x - 5$ que possui um zero entre 2 e 3 (veja o Problema 3.13). Embora escrito em 1671, somente foi publicado como *Method of fuxions* em 1736. O nome de Newton também está relacionado às técnicas de quadratura numérica (veja o Capítulo 7) quando, em 1676, descreveu o método em uma carta a Leibniz (O'Connor; Robertson, 2015).

[2] Joseph Raphson (1648 - 1715) matemático inglês colega de Newton na *Royal Society*. Em seu *Analysis aequationum universalis*, de 1690, descreve, de forma independente, o mesmo método para encontrar zeros de funções (O'Connor; Robertson, 2015). A fórmula iterativa (3.1) tal como conhecida atualmente é devida a Thomas Simpson em seu *A new method for the solution of equations in numbers*, de 1740 (Nordgaard, 1922).

[3] Brook Taylor (1685 - 1731), matemático inglês. Contribuiu significativamente para o estabelecimento do Cálculo. Criou o cálculo de diferenças finitas, inventou a técnica da integração por partes, e generalizou a expansão em série que leva seu nome em seu livro *Methodus incrementorum directa et inversa* de 1715. A importância desse trabalho foi reconhecida e enaltecida por Lagrange em 1772 como o Teorema Fundamental do Cálculo Diferencial (O'Connor; Robertson, 2015).

Truncando a série a partir do terceiro termo, obtém-se a aproximação

$$f(x) \approx f(x_0) + f'(x_0)(x - x_0).$$

Trocando $x_0$ por $x$ e $x$ por $z$ tem-se

$$f(z) \approx f(x) + f'(x)(z - x) \approx 0,$$

pois $f(z) = 0$. Dessa forma, pode-se resolver a equação para $z$ obtendo $f(x)$

$$z \approx x - \frac{f(x)}{f'(x)},$$

que pode ser transformada em uma *fórmula de iteração*:

$$x_k = x_{k-1} - \frac{f(x_{k-1})}{f'(x_{k-1})}. \tag{3.1}$$

Geometricamente, $x_k$ é a *projeção* sobre o eixo horizontal da reta tangente ao gráfico de $f$ em $(x_{k-1}, f(x_{k-1}))$ como mostra a Figura 3.2.

**EXEMPLO 3.3** *Usar o método de Newton para determinar o zero de* $g(x) = x^3 - x^2 - 1$ *com pelo menos* 3 *DSE.*

**SOLUÇÃO** Já sabemos do Exemplo 3.1 que o zero de $f$ encontra-se no intervalo [1,4 : 1,6], então podemos usar como estimativa inicial o valor $x = 1{,}5$. Como $g(x) = x^3 - x^2 - 1$, temos

$$g'(x) = 3x^2 - 2x.$$

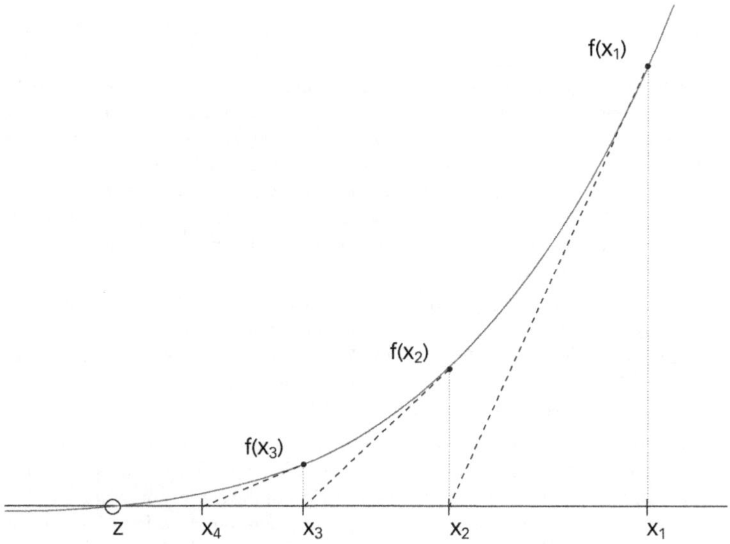


**FIGURA 3.2** Interpretação geométrica do método de Newton.

Com $tol = 0{,}5 \times 10^{-3}$, usamos o método de Newton para obter os valores mostrados na tabela a seguir:

| $k$ | $x_k$ | $g(x_k)$ | $g'(x_k)$ | $\epsilon_{\text{rel}}$ |
|---|---|---|---|---|
| 1 | 1,5000 | 0,1250 | 3,7500 | – |
| 2 | 1,4667 | 0,0039 | 3,5200 | 0,0227 |
| 3 | 1,4656 | 0,0000 | 3,5126 | 0,0007 |
| 4 | 1,4656 | 0,0000 | 3,5126 | 0,0000 |

Assim, podemos estabelecer $z \approx 1{,}47$ com 3 DSE.

De fato, na última iteração da tabela acima, $\epsilon_{\text{rel}} = 7{,}9061 \times 10^{-7} < 0{,}5 \times 10^{-5}$, que garante $z \approx 1{,}4656$ com 5 DSE. Para obter $x = 1{,}465571231876768$ com $|\epsilon_{\text{rel}}| < 0{,}5 \times 10^{-15}$ são necessárias apenas seis iterações!

O algoritmo ZERONEWTON sistematiza o método de Newton, usando os mesmos critérios de parada do algoritmo ZEROBISSEÇÃO.

Quanto à **convergência** do método de Newton, é possível observar que, em geral, ele é mais *rápido* que o método da bisseção. Quando $x_k \approx z$, temos $|\epsilon_k| \approx |\epsilon_{k-1}|^2$, isto é, temos uma taxa de convergência *quadrática*: a quantidade de DSE *dobra* a cada iteração.

**Algoritmo 8** ZERONEWTON

**entrada** : $f$, $f'$, $x$, $tol$, $k_{\max}$
**saída** : $x$, $\epsilon_{\text{rel}}$, $k$
*Estimativa inicial*
$k \leftarrow 1$
$F \leftarrow f(x)$
$D \leftarrow f'(x)$
$\epsilon_{\text{rel}} \leftarrow +\infty$
*Processo iterativo*
**enquanto** $k < k_{\max}$ **e** $|\epsilon_{\text{rel}}| > tol$
  $k \leftarrow k + 1$
  $u \leftarrow x$
  $x \leftarrow x - F/D$
  $F \leftarrow f(x)$
  $D \leftarrow f'(x)$
  $\epsilon_{\text{rel}} \leftarrow$ ERROREL$(u, x)$
**fim**

Essa rapidez de convergência não é *garantida* em todos os casos. A Figura 3.3 mostra o caso de uma função em que a aplicação do método de Newton produz uma sequência $(x_k)$ de estimativas *divergentes*.

Existem vários teoremas descrevendo as condições que *garantem* a convergência do método. No entanto, do ponto de vista prático, pode-se dizer que o método (geralmente) funciona se:

(a) em torno de $z$, $f$ é suficientemente *suave* (contínua e diferenciável);

(b) a estimativa inicial $x_1$ está suficientemente *próxima* de $z$.

Comparativamente, os métodos da bisseção e de Newton são complementares, sendo a principal característica do primeiro a *robustez* e do último, a *velocidade*.

**Usando o MATLAB** Para determinar zeros de funções, podemos usar o comando `fzero`.

```
>> format long
>> f = @(x) x^3 - x^2 - 1;
>> z = fzero(f, 1.5)
z = 1.465571231876768
```

Este recurso utiliza o algoritmo WDB (Wijngaarden-Dekker-Brent) que é uma combinação dos métodos de bisseção, interpolação linear e interpolação inversa quadrática (Forsythe; Malcolm; Moler, 1977; Press et al., 2007). Sobre a *interpolação linear*, veja o Problema 3.37, sobre a *interpolação inversa*, veja o Problema 5.29.

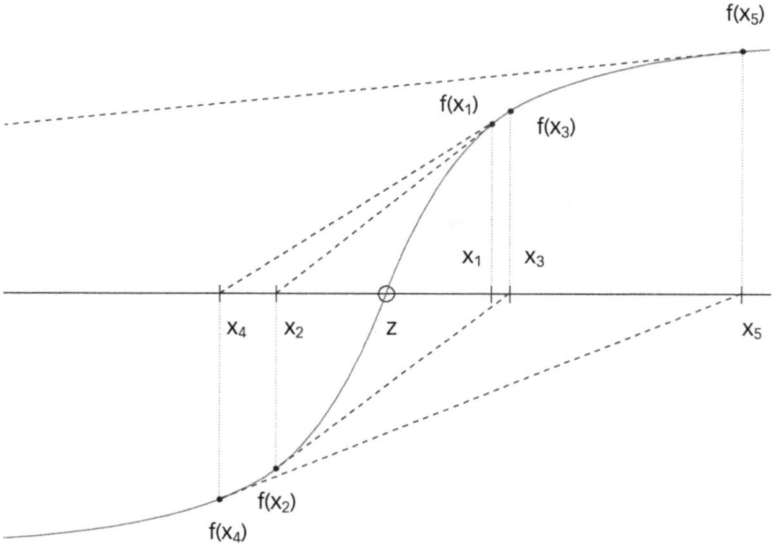


**FIGURA 3.3** Uma sequência de estimativas divergente para o método de Newton.

## 3.4 Problemas

### Método da Bisseção

*Nos Problemas 3.1 a 3.4, são dados a expressão de uma função f e um intervalo [a, b]. Para cada uma das funções: (a) desenhe o gráfico da função no intervalo dado, verificando que a função é contínua e que f(a) e f(b) têm sinais contrários. (b) Use o método da bisseção e, partindo do intervalo dado, preencha uma tabela contendo os valores de* $k$, $a_k$, $x_k$, $b_k$, $f(a_k)$, $f(x_k)$, $f(b_k)$ *e* $\epsilon_{rel}$ *como no Exemplo 3.2. Preencha a tabela para as quatro primeiras iterações.*

**3.1.** ✎ $f(x) = x^2 - 53$ em [0, 10].

**3.2.** ✎ $f(x) = \sqrt{x^2+1} - x^2$ em [0, 3].

**3.3.** ✎ $f(x) = x + \cos(x)$ em [−1, 1].

**3.4.** ✎ $f(x)= e^{-x} + x^2 - 10$ em [2, 4].

**3.5.** ✎ No método da bisseção, o tamanho do intervalo em uma dada iteração $k$ é a *metade* do tamanho do intervalo na iteração anterior, isto é,

$$T_k = \frac{T_{k-1}}{2}.$$

Determine o número $k$ de passos necessários para que um intervalo inicial de tamanho $T_0 = b - a$ seja reduzido a

$$T_k < 0{,}5 \times 10^{-12} \cdot (b - a).$$

**3.6.** ✎ Implemente o algoritmo ZEROBISSEÇÃO na sua linguagem preferida. Para verificar a correção da implementação, refaça o Exemplo 3.2.

*Nos Problemas 3.7 a 3.10, utilize o algoritmo ZEROBISSEÇÃO para encontrar o zero da função. Use* $tol = 0{,}5 \times 10^{-12}$.

**3.7.** Função do Problema 3.1.

**3.8.** Função do Problema 3.2.

**3.9.** Função do Problema 3.3.

**3.10.** Função do Problema 3.4.

**3.11.** ✎ Mostre que os critérios de parada 1 e 2 (p. 45) do método da bisseção são equivalentes.

**3.12.** Modifique o algoritmo ZEROBISSEÇÃO de modo a empregar os critérios de parada 3 e 4 (p. 45). Compare o número de iterações utilizadas pelo algoritmo original e pelo modificado para encontrar os zeros das funções dos Problemas 3.1 a 3.4. Use $tol = 0{,}5 \times 10^{-12}$.

### Método de Newton

*Nos Problemas 3.13 a 3.16, são dadas a expressão de uma função f, um intervalo [a, b] e uma aproximação $x_1$ para o zero de f. Para cada uma das funções: (a) desenhe o gráfico da função, verificando que a função é contínua e possui um zero no intervalo dado. (b) Encontre uma expressão para $f'(x)$. (c) Use o método de Newton e, partindo da aproximação $x_1$, preencha uma tabela contendo os valores de k, $x_k$, $f(x_k)$, $f'(x_k)$ e $\epsilon_{rel}$ como no Exemplo 3.3. Preencha a tabela para as quatro primeiras iterações.*

**3.13.** ✎ $f(x) = x^3 - 2x - 5$ em $[-3,3]$, $x_1 = 2{,}5$.

**3.14.** ✎ $f(x) = x + \ln(x)$ em $(0, 1]$, $x_1 = 0{,}5$.

**3.15.** ✎ $f(x) = x - \cos(x)$ em $[-\pi, \pi]$, $x_1 = 1{,}0$.

**3.16.** ✎ $f(x) = x\cos(x^2)$ em $[1, 2]$, $x_1 = 1{,}2$.

**3.17.** ✎ Verifique que a sequência recursiva dada pela equação (2.10) pode ser obtida por meio da equação (3.1) aplicada à determinação do zero da função

$$f(x) = x^2 - 53$$

pelo método de Newton.

**3.18.** ✎ Implemente o algoritmo ZERONEWTON na sua linguagem preferida. Para verificar a correção da implementação, refaça o Exemplo 3.3.

*Nos Problemas 3.19 a 3.22, utilize o algoritmo* ZERONEWTON *para encontrar o zero da função dada. Use tol* $= 0{,}5 \times 10^{-12}$.

**3.19.** Função do Problema 3.13.

**3.20.** Função do Problema 3.14.

**3.21.** Função do Problema 3.15.

**3.22.** Função do Problema 3.16.

**3.23.** Modifique o algoritmo ZERONEWTON de modo a empregar os critérios de parada 3 e 4 (p. 45). Compare o número de iterações utilizadas pelo algoritmo original e pelo modificado para encontrar os zeros das funções dadas nos Problemas 3.13 a 3.16. Use $tol = 0{,}5 \times 10^{-12}$.

**3.24.** O método de Newton tem dificuldade de encontrar zeros com multiplicidade elevada. A função

$$f_n(x) = (x - 1)^n$$

possui um único zero ($z = 1$) com multiplicidade $n$. Determine o número de iterações necessárias para encontrar o zero de cada função $f_1, f_2, \ldots, f_{10}$. Use a estimativa inicial $x_1 = 2$.

*O método de Newton pode* não *ser convergente. Verifique que, para as funções e estimativas iniciais mostradas nos Problemas 3.25 e 3.26, o método não funciona.*

**3.25.** $f(x) = \frac{1}{10} + xe^{-x}$ com $x_1 = 2$.

**3.26.** $f(x) = x^3 - x - 3$ com $x_1 = -3$.

## Tópicos diversos

**3.27.** ✎ Devido a sua praticidade, os métodos *numéricos* (aproximados) são frequentemente usados em vez dos métodos *analíticos* (exatos). A determinação de zeros de funções polinomiais de grau 3 (cúbicas) é um bom exemplo. Pesquise a *Fórmula de Cardano*[4] (por exemplo, Abramowitz; Stegun, 1972; Spiegel; Lipschutz; Liu, 2011) para determinar *exatamente* o zero real da função $g(x) = x^3 - x^2 - 1$ dos Exemplos 3.2 e 3.3.

**3.28.** Determine os zeros das funções dos Problemas 3.25 e 3.26.

**3.29.** Reconsidere o Exemplo 2.1 e encontre o zero da equação (2.2).

**3.30.** Considere a função dada por $f(x) = e^x - \ln x$ com $x > 0$.

(a) Faça um esboço do gráfico de $f$ no intervalo (0, 2] e verifique que a função possui um ponto de mínimo nesse intervalo.

(b) Determine a abscissa $x_{\min}$ desse mínimo sabendo que $f'(x_{\min}) = 0$.

**3.31.** Um estudante comprou um *notebook* no valor de R$ 2499,00 e vai pagar 12 parcelas de R$ 249,00. A matemática financeira estabelece que

$$P = \frac{F \cdot i}{1 - (1 + i)^{-n}},$$

onde $F$ é o valor financiado, $P$ é o valor da parcela, $n$ é o número de parcelas e $i$ é a taxa de juros. Qual é a taxa de juros do financiamento?

**3.32.** A figura a seguir mostra uma seção circular de área $S$.

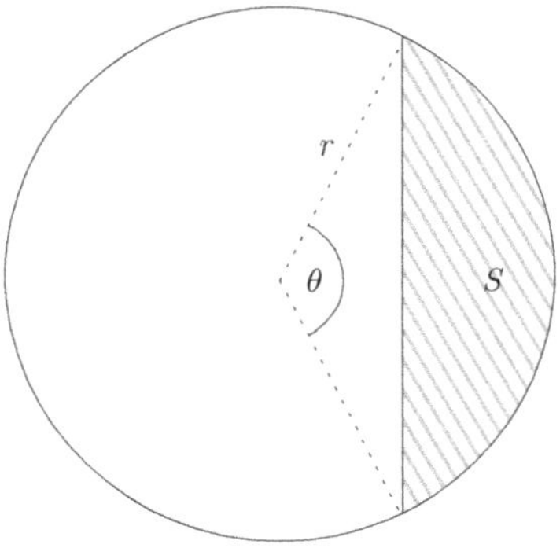


[4] Girolamo Cardano (1501 - 1576), médico, astrônomo e matemático italiano. Seu mais famoso trabalho é *Ars magna*, de 1545, considerado o primeiro livro latino dedicado apenas a álgebra. Neste tratado, descreve a solução de equações polinomiais cúbicas e quárticas (O'Connor; Robertson, 2015).

Da geometria, sabemos que a área da seção é dada por

$$S = \frac{r^2}{2}\left[\theta - \text{sen}(\theta)\right],$$

onde $r$ é o raio do círculo e $\theta$ é o ângulo que subtende a seção circular. Determine o ângulo $\hat{\theta}$, tal que a área $S$ seção seja *um terço* da área do círculo. Uma solução *geométrica* do problema pode ser encontrada em Almeida e Wagner (2010).

**3.33.** A *Lei da Radiação*,

$$S(\lambda) = \frac{2\pi c^2 h}{\lambda^5}\frac{1}{e^{hc/\lambda kT} - 1},$$

descreve a quantidade de energia luminosa $S$ (em watt por metro cúbico) emitida por um corpo de prova na temperatura $T$ (em kelvin) em função do comprimento de onda $\lambda$ (em metros). Nessa expressão, $c = 2{,}9979 \times 10^8$ m/s, $h = 6{,}6261 \times 10^{-34}$ Js e $k = 1{,}3807 \times 10^{-23}$ J/K (Halliday; Resnick; Merrill, 1991).

(a) Obtenha o gráfico de $S(\lambda)$ para a temperatura $T = 3500$ K. Sugestão: Use $\lambda$ no intervalo $[0{,}5;\ 4{,}0] \times 10^{-6}$m.

(b) Pode-se mostrar (Zemansky, 1978) que o maior valor de $S$ ocorre em $\lambda_{\text{max}}$ dado por

$$\lambda_{\text{max}} = \frac{hc}{zkT},$$

onde $z$ é o zero positivo de

$$f(x) = \frac{x}{5} + e^{-x} - 1.$$

Encontre $z$, o zero de $f$ e, em seguida, determine o valor de $\lambda_{\text{max}}$.

**3.34.** Em Termodinâmica, sob determinadas condições, a relação entre o calor $Q$ fornecido a um gás e sua variação de temperatura $T_f - T_i$ é dada por

$$Q = nR\left[A(T_f - T_i) + \frac{B}{2}\left(T_f^2 - T_i^2\right) + \frac{C}{3}\left(T_f^3 - T_i^3\right)\right].$$

Para o gás metano, $R = 8{,}314$ $^{\text{J}}/_{\text{mol.K}}$, $A = 1{,}702$, $B = 9,081 \times 10^{-3}\text{K}^{-1}$, $C = -2{,}164 \times 10^{-6}\text{K}^{-2}$ (Smith; Van Ness; Abbott, 2000). Em uma câmara, tem-se $n = 2$ mol de metano a temperatura $T_i = 300$ K. Qual será a temperatura final $T_f$ se 20 kJ de energia é absorvido pelo gás?

**3.35.** A tensão elétrica sobre o capacitor de um circuito RLC-paralelo é dada por

$$u(t) = u_0 e^{-\alpha t}\cos(\omega_d t), \qquad t \geq 0,$$

onde

$u_0$ é a tensão inicial sobre o capacitor,

$\alpha = \dfrac{1}{2RC}$ é a constante de amortecimento,

$\omega_0 = \dfrac{1}{\sqrt{LC}}$ é a frequência angular de oscilação (natural),

$\omega_d = \sqrt{\omega_0^2 - \alpha^2}$ é a frequência angular de oscilação (amortecida).

A tensão $u$ é dada em volts e o tempo $t$ em segundos (Nahvi; Edminister, 2003). Considere um circuito em que $R = 200\ \Omega$, $L = 0{,}3$ H, $C = 40\ \mu$F e $u_0 = 50$ V. Substitua os valores na equação, desenhe o gráfico de $u(t)$ e determine os instantes $t_1$, $t_2$ e $t_3$ em que a tensão atinge o valor 10 V.

**3.36.** Na Álgebra Linear, os *autovalores* $\lambda$ de uma matriz $\mathbf{A}$ são definidos como os *zeros* do polinômio característico

$$p_{\mathbf{A}}(x) = \det(\mathbf{A} - \mathbf{I}x).$$

Considere a matriz

$$\mathbf{A} = \begin{bmatrix} -3 & 0 & -3 \\ 0 & -1 & 2 \\ -3 & 2 & 3 \end{bmatrix}.$$

(a) Encontre a expressão algébrica de $p_{\mathbf{A}}(x)$.

(b) Encontre os autovalores $\lambda_1$, $\lambda_2$ e $\lambda_3$ de $\mathbf{A}$.

**3.37.** Uma variação para o método da bisseção consiste em dividir o intervalo $[a, b]$ no ponto $c$ sobre o eixo horizontal que intercepta a reta que passa por $(a, f(a))$ e $(b, f(b))$, como mostra a figura a seguir. Essa técnica é denominada *interpolação linear* e, em geral, apresenta velocidade de convergência maior que a do método da bisseção.

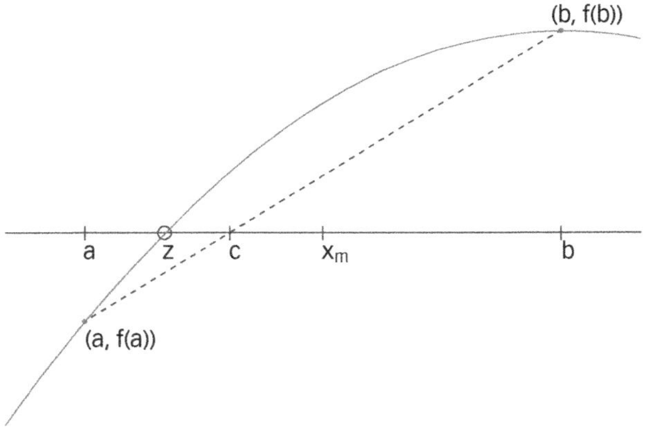


(a) Mostre que

$$c = a - \frac{f(a)}{f(b) - f(a)}(b - a).$$

(b) Modifique o algoritmo ZEROBISSEÇÃO de modo a empregar a técnica da interpolação linear. Compare o número de iterações necessárias para encontrar os zeros das funções dadas nos Problemas 3.1 a 3.4 com o algoritmo ZEROBISSEÇÃO original.

**3.38.** Uma variação para o método de Newton, conhecida como método de Halley[5], consiste em truncar a série de Taylor a partir do seu *quarto* termo e usar a informação da *segunda derivada* de $f$ (Weisstein, 2010). A fórmula de iteração é dada por

$$x_k = x_{k-1} - \frac{2f(x_{k-1})f'(x_{k-1})}{2[f'(x_{k-1})]^2 - f(x_{k-1})f''(x_{k-1})}.$$

Modifique o algoritmo ZERONEWTON de modo a empregar o método de Halley. Compare o número de iterações necessárias para encontrar os zeros das funções dadas nos Problemas 3.13 a 3.16 utilizando o algoritmo original e o modificado.

[5] Edmond Halley (1656 - 1742), astrônomo inglês. Entre seus feitos, está o cálculo da órbita do cometa que leva seu nome. Halley propôs que os cometas que apareceram em 1531 e 1607 eram, de fato, um mesmo cometa e que ele deveria reaparecer em 1758. O método para a determinação de raízes de equações polinomiais foi desenvolvido em 1694. A fórmula tal como conhecida atualmente é devida a Schröder (Scavo; Thoo, 1995).

CAPÍTULO 4

# Sistemas lineares

## 4.1 Definição do problema

O sistema representado a seguir é chamado de *sistema de equações lineares* ou, simplesmente, *sistema linear* com $m$ equações e $n$ incógnitas

$$\begin{cases} a_{11}x_1 & + & a_{12}x_2 & + & \cdots & + & a_{1n}x_n & = & b_1 \\ a_{21}x_1 & + & a_{22}x_2 & + & \cdots & + & a_{2n}x_n & = & b_2 \\ \vdots & & \vdots & & & & \vdots & & \vdots \\ a_{m1}x_1 & + & a_{m2}x_2 & + & \cdots & + & a_{mn}x_n & = & b_m \end{cases}$$

Pode ser representado pela equação matricial $\mathbf{Ax} = \mathbf{b}$, sendo

$$\mathbf{A} = \begin{bmatrix} a_{11} & a_{12} & \cdots & a_{1n} \\ a_{21} & a_{22} & \cdots & a_{2n} \\ \vdots & \vdots & & \vdots \\ a_{m1} & a_{m2} & \cdots & a_{mn} \end{bmatrix}, \mathbf{x} = \begin{bmatrix} x_1 \\ x_2 \\ \vdots \\ x_n \end{bmatrix}, \mathbf{b} = \begin{bmatrix} b_1 \\ b_2 \\ \vdots \\ b_m \end{bmatrix}.$$

Quanto à quantidade de equações ($m$) e incógnitas ($n$), um sistema linear pode ser classificado como:

- subdeterminado: se $m < n$;
- determinado: se $m = n$;
- sobredeterminado: se $m > n$.

Ele pode ser consistente (se *existe* solução, sendo que pode haver uma *única* solução ou uma *infinidade* de soluções) ou inconsistente (se *não existe* solução).

O problema em questão é *resolver* um sistema linear. Os métodos de resolução de sistema linear podem ser classificados em:

- diretos: escalonamento (Gauss), inversão, determinantes (Cramer), fatoração LU, etc.
- iterativos: Gauss-Jacobi, Gauss-Seidel, gradiente conjugado, etc.

Neste capítulo, estudaremos alguns métodos para a resolução de sistemas lineares *determinados* ($m = n$) com solução *única*. A resolução de sistemas sobredeterminados ou subdeterminados ou com infinitas soluções pode ser encontrado em Golub e Loan (1996).

## 4.2 Método de Gauss

O método de Gauss[1] (também conhecido como *eliminação gaussiana*) é um método direto de resolução de sistemas lineares. O procedimento usualmente abordado na disciplina de álgebra linear consiste basicamente em duas etapas: *escalonamento* e *retrossubstituição.*

A etapa do escalonamento consiste em obter, por meio de operações-linha elementares, um sistema linear $\mathbf{Cx} = \mathbf{d}$ equivalente ao sistema linear $\mathbf{Ax} = \mathbf{b}$ original, isto é, um sistema com a mesma solução. A matriz $\mathbf{C}$ é a *forma escalonada* da matriz completa (triangular-superior).

$$[\mathbf{A}|\mathbf{b}] \sim [\mathbf{C}|\mathbf{d}]$$

$$\left[\begin{array}{ccccc|c} a_{1,1} & a_{1,2} & \cdots & a_{1,n-1} & a_{1,n} & b_1 \\ a_{2,1} & a_{2,2} & \cdots & a_{2,n-1} & a_{2,n} & b_2 \\ \vdots & \vdots & & \vdots & \vdots & \vdots \\ a_{n-1,1} & a_{n-1,2} & \cdots & a_{n-1,n-1} & a_{n-1,n} & b_{n-1} \\ a_{n,1} & a_{n,2} & \cdots & a_{n,n-1} & a_{n,n} & b_n \end{array}\right] \sim$$

$$\left[\begin{array}{ccccc|c} c_{1,1} & c_{1,2} & \cdots & c_{1,n-1} & c_{1,n} & d_1 \\ 0 & c_{2,2} & \cdots & c_{2,n-1} & c_{2,n} & d_2 \\ \vdots & \vdots & & \vdots & \vdots & \vdots \\ 0 & 0 & \cdots & c_{n-1,n-1} & c_{n-1,n} & d_{n-1} \\ 0 & 0 & \cdots & 0 & c_{n,n} & d_n \end{array}\right].$$

As operações-linha elementares utilizadas são:

- *Permutar* duas linhas entre si: $c_{i:} \leftrightarrows c_{j:}$
- *Redimensionar* uma linha: $c_{i:} \leftarrow mc_{i:}$, $m \neq 0$
- *Adicionar* a uma linha, um múltiplo de outra: $c_{i:} \leftarrow c_{i:} + mc_{j:}$

**Usando o MATLAB** Nas operações elementares discutidas anteriormente, usamos uma notação derivada da sintaxe do MATLAB. O símbolo $c_{k:}$ refere-se a todos os elementos da linha $k$ da matriz C, isto é, "linha $k$, todas as colunas". No MATLAB, a operação $c_{i:} \leftarrow c_{i:} + mc_{j:}$ pode ser escrita como `C(i,:) = C(i,:) + m * C(j,:)`.

[1] Carl Friedrich Gauss (1777 - 1855), matemático alemão, fez importantes contribuições à matemática, física e astronomia. Em 1799, provou o Teorema Fundamental da Álgebra: o número de raízes (reais, complexas ou múltiplas) de um polinômio é igual ao seu grau. Em 1809, no seu *Theoria motus corporum coelestium in sectionibus conicis solem ambientium*, estudou as observações astronômicas da órbita do asteroide Pallas obtidas entre 1803 e 1809 e obteve um sistema de seis equações lineares e seis incógnitas. Nesse texto, Gauss descreve uma forma sistemática de resolução de sistemas lineares que consiste exatamente no que conhecemos hoje como o método da eliminação gaussiana. Além disso, apresenta uma prova formal do método dos quadrados mínimos (ver Capítulo 6) (Kim, 2001; Süli; Mayers, 2003).

Na etapa da retrossubstituição, os elementos de **x** são obtidos (em ordem inversa) por:

$$x_i = \frac{d_i - \sum_{j>i} c_{ij}x_j}{c_{ii}}, \quad i = n, n-1, \ldots, 2, 1.$$

**EXEMPLO 4.1** *Usar o método de Gauss para resolver o sistema linear*

$$\begin{cases} 3x_1 + x_2 - x_3 + 2x_4 = 5 \\ 3x_1 + 3x_2 - x_3 + 4x_4 = 5 \\ 9x_1 + 4x_2 + 8x_4 = 17 \\ x_2 + 3x_3 + 7x_4 = 12 \end{cases}$$

**SOLUÇÃO** *Escalonamento*: O sistema linear é representado pela matriz completa

$$[\mathbf{C}|\mathbf{d}] = [\mathbf{A}|\mathbf{b}] = \left[\begin{array}{cccc|c} 3 & 1 & -1 & 2 & 5 \\ 3 & 3 & -1 & 4 & 5 \\ 9 & 4 & 0 & 8 & 17 \\ 0 & 1 & 3 & 7 & 12 \end{array}\right].$$

O primeiro elemento não nulo da primeira linha ($c_{11} = 3$) é denominado **pivô**. Os elementos abaixo dele serão "zerados". Os valores $m_{ij}$ a seguir são ditos **multiplicadores** e são usados nas operações-linha elementares.

$$m_{21} = -\frac{c_{21}}{c_{11}} = -\frac{3}{3} = -1, \quad c_{2:} = c_{2:} + m_{21}c_{1:}, \quad d_2 = d_2 + m_{21}d_1,$$
$$m_{31} = -\frac{c_{31}}{c_{11}} = -\frac{9}{3} = -3, \quad c_{3:} = c_{3:} + m_{31}c_{1:}, \quad d_3 = d_3 + m_{31}d_1,$$
$$m_{41} = -\frac{c_{41}}{c_{11}} = -\frac{0}{3} = 0, \quad c_{4:} = c_{4:} + m_{41}c_{1:}, \quad d_4 = d_4 + m_{41}d_1.$$

Assim, obtemos

$$\left[\begin{array}{cccc|c} 3 & 1 & -1 & 2 & 5 \\ 0 & 2 & 0 & 2 & 0 \\ 0 & 1 & 3 & 2 & 2 \\ 0 & 1 & 3 & 7 & 12 \end{array}\right].$$

Prosseguindo com o pivô $c_{22} = 2$:

$$m_{32} = -\frac{c_{32}}{c_{22}} = -\frac{1}{2} \quad c_{3:} = c_{3:} + m_{32}c_{2:}, \quad d_3 = d_3 + m_{32}d_2,$$
$$m_{42} = -\frac{c_{42}}{c_{22}} = -\frac{1}{2} \quad c_{4:} = c_{4:} + m_{42}c_{2:}, \quad d_4 = d_4 + m_{42}d_2,$$

obtemos

$$\left[\begin{array}{cccc|c} 3 & 1 & -1 & 2 & 5 \\ 0 & 2 & 0 & 2 & 0 \\ 0 & 0 & 3 & 1 & 2 \\ 0 & 0 & 3 & 6 & 12 \end{array}\right].$$

Finalmente, com o pivô $c_{33} = 3$, obtemos

$$m_{43} = -\frac{c_{43}}{c_{33}} = -\frac{3}{3} = -1 \qquad c_{4:} = c_{4:} + m_{43}c_{3:}, \qquad d_4 = d_4 + m_{43}d_3,$$

Obtemos a forma escalonada

$$\left[\begin{array}{cccc|c} 3 & 1 & -1 & 2 & 5 \\ 0 & 2 & 0 & 2 & 0 \\ 0 & 0 & 3 & 1 & 2 \\ 0 & 0 & 0 & 5 & 10 \end{array}\right].$$

*Retrossubstituição.* Os elementos de $\mathbf{x}$ são obtidos:

$$\begin{aligned} x_4 &= \frac{d_4}{c_{44}} = \frac{10}{5} = 2 \\ x_3 &= \frac{d_3 - (c_{34}x_4)}{c_{33}} = \frac{2 - (1 \cdot 2)}{3} = 0 \\ x_2 &= \frac{d_2 - (c_{23}x_3 + c_{24}x_4)}{c_{22}} = \frac{0 - (0 \cdot 0 + 2 \cdot 2)}{2} = -2 \\ x_1 &= \frac{d_1 - (c_{12}x_2 + c_{13}x_3 + c_{14}x_4)}{c_{11}} = \frac{5 - (1 \cdot (-2) - 1 \cdot 0 + 2 \cdot 2)}{3} = 1 \end{aligned}$$

Logo, a solução do sistema é $x_1 = 1$, $x_2 = -2$, $x_3 = 0$ e $x_4 = 2$ ou, de forma vetorial,

$$\mathbf{x} = \begin{bmatrix} 1 \\ -2 \\ 0 \\ 2 \end{bmatrix}.$$

---

O algoritmo SLGaussProv (*provisório*) sistematiza o método do escalonamento de Gauss. Porém, ele apresenta uma característica indesejável: não verifica possíveis divisões por zero que ocorrem quando o elemento-pivô não está na diagonal.

Uma estratégia para evitar divisões por zero consiste em permutar as linhas da matriz de modo que o elemento-pivô seja (em valor absoluto) maior ou igual aos elementos abaixo de si em sua coluna, isto é,

$$|c_{jj}| \geq |c_{ij}|, \quad i > j.$$

**Algoritmo 9** SLGaussProv

    **entrada** : $\mathbf{A}, \mathbf{b}$
    **saída** : $\mathbf{x}$
    *Inicialização*
1:    $n \leftarrow$ número de linhas de $\mathbf{A}$
2:    $\mathbf{C} \leftarrow [\mathbf{A}|\mathbf{b}]$
    *Escalonamento*
3:    **para** $j \leftarrow 1: n-1$
4:      **para** $i \leftarrow j+1: n$
5:        $m \leftarrow -C_{i,j}/C_{j,j}$
6:        $\mathbf{C}_{i,:} \leftarrow \mathbf{C}_{i,:} + m\mathbf{C}_{j,:}$
7:      **fim**
8:    **fim**
    *Retrossubstituição*
9:    $\mathbf{x} \leftarrow \text{Zeros}(n, 1)$
10:   **para** $i \leftarrow n : -1 : 1$
11:     $x_i \leftarrow (C_{i,n+1} - \mathbf{C}_{i,1:n} \cdot \mathbf{x})/C_{i,i}$
12:   **fim**

---

**Algoritmo 10** SLGauss

    **entrada** : $\mathbf{A}, \mathbf{b}$
    **saída** : $\mathbf{x}$
    *Inicialização*
1:    $n \leftarrow$ número de linhas de $\mathbf{A}$
2:    $\mathbf{C} \leftarrow [\mathbf{A}|\mathbf{b}]$
    *Escalonamento*
3:    **para** $j \leftarrow 1: n-1$
4:      $\mathbf{C} \leftarrow \text{PivotamentoParcial}(\mathbf{C}, n, j)$
5:      **para** $i \leftarrow j+1 : n$
6:        $m \leftarrow -C_{i,j}/C_{j,j}$
7:        $\mathbf{C}_{i,:} \leftarrow \mathbf{C}_{i,:} + m\mathbf{C}_{j,:}$
8:      **fim**
9:    **fim**
    *Retrossubstituição*
10:   $\mathbf{x} \leftarrow \text{Zeros}(n, 1)$
11:   **para** $i \leftarrow n : -1 : 1$
12:     $x_i \leftarrow (C_{i,n+1} - \mathbf{C}_{i,1:n} \cdot \mathbf{x})/C_{i,i}$
13:   **fim**

Esse procedimento, denominado **pivotamento parcial**, além de evitar a divisão por zero, garante que os multiplicadores serão pequenos ($|m_{ij}| \leq 1$), o que tende a minimizar os erros de arredondamento. O algoritmo PIVOTAMENTOPARCIAL (p. 23) já implementado, realiza as permutações necessárias. A técnica do pivotamento total (que busca o elemento de maior valor absoluto nas linhas abaixo e nas colunas à direita da posição de pivô) gera maior precisão, porém tem custo mais elevado (Burden; Faires, 2008) e é pouco utilizada.

O algoritmo SLGAUSS (*definitivo*) utiliza o pivotamento parcial. Note que o sistema linear que não tiver solução única ou não tiver solução será detectado pelo algoritmo de pivotamento.

**Usando o MATLAB** Após escrever a matriz `A` e o vetor-coluna `b`, é possível resolver o sistema linear $\mathbf{Ax} = \mathbf{b}$ com o comando "\".

```
>> A = [3 1 -1 2; 3 3 -1 4; 9 4 0 8; 0 1 3 7];
>> b = [5; 5; 17; 12];
>> x = A\b
x =
    1.0000
   -2.0000
   -0.0000
    2.0000
```

O comando "\" chama uma série de sub-rotinas do MATLAB para a resolução de sistemas lineares. Cada sub-rotina possui alguma especificidade com relação ao tipo de sistema linear: determinado, subdeterminado, sobredeterminado, real, complexo, etc. No entanto, o método de resolução usado é basicamente o mesmo: método de Gauss com pivotamento parcial.

Deve-se ter o cuidado de verificar que esse procedimento *sempre* produz uma resposta:

1. *a solução*. se o sistema linear for possível e determinado;
2. *uma solução*. se o sistema linear for possível e indeterminado;
3. *uma pseudossolução* (a solução de quadrados mínimos. ver Capítulo 6). se o sistema linear for impossível.

Uma maneira de checar que tipo de solução está sendo obtida é verificar a *forma escalonada reduzida* da matriz completa do sistema linear com o comando

```
>> rref(A)
   ans =
        1     0     0     0
        0     1     0     0
        0     0     1     0
        0     0     0     1
```

Se a matriz resultante for a identidade $I_n$, então a solução obtida é a solução (única) do sistema linear.

## 4.3 Métodos iterativos

Nos métodos *iterativos* para resolução de sistemas lineares, inicialmente uma matriz $\mathbf{C}$ e um vetor $\mathbf{d}$ são obtidos de $\mathbf{A}$ e $\mathbf{b}$. Em seguida, a partir de uma estimativa inicial de solução $\mathbf{x}^{(1)}$, uma sequência de novas estimativas $\mathbf{x}^{(2)}$, $\mathbf{x}^{(3)}$, $\mathbf{x}^{(4)}$,... é calculada por meio da fórmula de iteração

$$\mathbf{x}^{(k)} = \mathbf{C}\mathbf{x}^{(k-1)} + \mathbf{d}.$$

Se $\mathbf{C}$ e $\mathbf{d}$ forem escolhidos adequadamente, a sequência converge para $\hat{\mathbf{x}}$, a solução do sistema linear. As diferentes escolhas de $\mathbf{C}$ e $\mathbf{d}$ levam a métodos diferentes.

Nos métodos iterativos, é necessário definir alguns *critérios de parada*. Os mais utilizados são os seguintes:

1. $\epsilon_{\text{rel}} \approx \dfrac{\left\|\mathbf{x}^{(k-1)} - \mathbf{x}^{(k)}\right\|}{\left\|\mathbf{x}^{(k)}\right\|} < tol.$

2. $\delta_{\text{rel}} = \dfrac{\left\|\mathbf{A}\mathbf{x}^{(k)} - \mathbf{b}\right\|}{\left\|\mathbf{b}\right\|} < tol.$

3. $k > k_{\text{max}}$.

O critério 1 estabelece uma *estimativa* para o erro relativo $\epsilon_{\text{rel}}$ entre $\mathbf{x}^{(k)}$ e $\hat{\mathbf{x}}$ a partir de duas aproximações sucessivas. O critério 2 determina o valor do *resíduo relativo* $\delta$ entre $\mathbf{A}\mathbf{x}^{(k)}$ e $\mathbf{b}$. Note que em ambos os casos, $\epsilon_{\text{rel}} \geq 0$, uma vez que a norma-2 de um vetor é não negativa. O critério 3 estabelece um número máximo de iterações. Note como esses critérios de parada são semelhantes aos usados nos métodos da bisseção e de Newton (p. 44). Nos algoritmos e exemplos deste capítulo, usaremos os critérios de parada 1 e 3.

O símbolo $\|\cdot\|$ representa a norma (ou norma euclideana) de um vetor que é definida por

$$\|\mathbf{v}\| = \sqrt{v_1^2 + v_2^2 + \cdots + v_n^2}. \tag{4.1}$$

**EXEMPLO 4.2** *Considere os vetores*

$$\mathbf{x}^{(1)} = \begin{bmatrix} 1{,}0002 \\ 2{,}0086 \\ -2{,}9978 \end{bmatrix}, \quad \mathbf{x}^{(2)} = \begin{bmatrix} 0{,}9994 \\ 2{,}0015 \\ -3{,}0007 \end{bmatrix}.$$

*Determine $\epsilon_{rel}$ usando o critério 1 e a quantidade de DSE dos vetores.*

**SOLUÇÃO** O erro relativo para vetores é dado por

$$
\begin{aligned}
\epsilon_{\text{rel}} &= \frac{\left\|\mathbf{x}^{(1)} - \mathbf{x}^{(2)}\right\|}{\left\|\mathbf{x}^{(2)}\right\|} \\
&= \frac{\sqrt{(1{,}0002 - 0{,}9994)^2 + (2{,}0086 - 2{,}0015)^2 + (-2{,}9978 + 3{,}0007)^2}}{\sqrt{0{,}9994^2 + 2{,}0015^2 + (-3{,}0007)^2}} \\
&= \frac{\sqrt{5{,}9460 \times 10^{-5}}}{\sqrt{14{,}0090}} \\
&= 0{,}0021
\end{aligned}
$$

Como $\epsilon_{\text{rel}} = 0{,}0021 < 0{,}5 \times 10^{-2}$ deduzimos que os valores numéricos dos vetores possuem 2 DSE, isto é,

$$\mathbf{x}^{(1)} \approx \mathbf{x}^{(2)} \approx [1{,}0 \quad 2{,}0 \quad -3{,}0]^{\text{T}}.$$

---

O algoritmo ERRORELVET sistematiza o cálculo do erro relativo na aproximação vetorial. Note a semelhança com o algoritmo ERROREL (p. 34)

**Algoritmo 11** ERRORELVET

**entrada** : $\mathbf{u}$, $\mathbf{v}$
**saída** : $\epsilon_{\text{rel}}$
**se** $||\mathbf{v}|| = 0$ **então**
  $\epsilon_{\text{rel}} \leftarrow ||\mathbf{u}||$
**senão**
  $\epsilon_{\text{rel}} \leftarrow \dfrac{\|\mathbf{u} - \mathbf{v}\|}{\|\mathbf{v}\|}$
**fim**

## 4.4 Método de Gauss-Jacobi

No método de Gauss-Jacobi[2], a determinação de $\mathbf{C}$ e $\mathbf{d}$ é feita conforme demonstrado a seguir.

Consideremos o sistema linear $\mathbf{A}\mathbf{x} = \mathbf{b}$ na forma

$$
\left\{
\begin{array}{ccccccccc}
a_{11}\,x_1 & + & a_{12}\,x_2 & + & \cdots & + & a_{1n}\,x_n & = & b_1 \\
a_{21}\,x_1 & + & a_{22}\,x_2 & + & \cdots & + & a_{2n}\,x_n & = & b_2 \\
\vdots & & \vdots & & & & \vdots & & \vdots \\
a_{n1}\,x_1 & + & a_{n2}\,x_2 & + & \cdots & + & a_{nn}\,x_n & = & b_n
\end{array}
\right. .
$$

[2] Carl Gustav Jacob Jacobi (1804-1851), matemático alemão. Fez contribuições fundamentais na teoria das funções elípticas e das equações diferenciais parciais. Em 1845, no artigo *Über eine neue aufosungsart der bei der methode der kleinsten quadrate vorkommenden linearen gleichungen*, introduz o método iterativo para resolução de sistemas lineares. No mesmo artigo, faz uso de rotações planares para aumentar a dominância diagonal da matriz. Uma abordagem pioneira do que se chama atualmente de *pré-condicionamento* (Benzi, 2009; O'Connor; Robertson, 2015).

Isolando $x_1$ da primeira equação, $x_2$ da segunda equação, ..., $x_n$ da $n$-ésima equação obtemos

$$\begin{cases} x_1 &= -\dfrac{a_{12}}{a_{11}}x_2 & \cdots & -\dfrac{a_{1n}}{a_{11}}x_n & +\dfrac{b_1}{a_{11}} \\ x_2 &= -\dfrac{a_{21}}{a_{22}}x_1 & \cdots & -\dfrac{a_{2n}}{a_{22}}x_n & +\dfrac{b_2}{a_{22}} \\ \vdots & \quad\vdots & & \vdots & \vdots \\ x_n &= -\dfrac{a_{n1}}{a_{nn}}x_1 & \cdots & -\dfrac{a_{n,n-1}}{a_{nn}}x_{n-1} & +\dfrac{b_n}{a_{nn}} \end{cases},$$

que pode ser expresso na forma $\mathbf{x} = \mathbf{C}\mathbf{x} + \mathbf{d}$, sendo

$$\mathbf{C} = \begin{bmatrix} 0 & -\dfrac{a_{12}}{a_{11}} & \cdots & -\dfrac{a_{1n}}{a_{11}} \\ -\dfrac{a_{21}}{a_{22}} & 0 & \cdots & -\dfrac{a_{2n}}{a_{22}} \\ \vdots & \vdots & & \vdots \\ -\dfrac{a_{n1}}{a_{nn}} & -\dfrac{a_{n2}}{a_{nn}} & \cdots & 0 \end{bmatrix}, \quad \mathbf{d} = \begin{bmatrix} \dfrac{b_1}{a_{11}} \\ \dfrac{b_2}{a_{22}} \\ \vdots \\ \dfrac{b_n}{a_{nn}} \end{bmatrix}. \tag{4.2}$$

**EXEMPLO 4.3** *Resolva o sistema linear mostrado a seguir usando o método de Gauss-Jacobi. Use a estimativa inicial de solução o vetor* $\mathbf{x}^{(1)} = \mathbf{1} = [1\ 1\ 1]^T$ *e o critério de parada 1 para obter 3 DSE.*

$$\begin{cases} -\ 20x_1 & & +\ 9x_3 &= 78 \\ -\ \ x_1 & -\ 5x_2 & +\ \ x_3 &= -5 \\ \ \ 2x_1 & +\ 2x_2 & +\ 5x_3 &= 8 \end{cases},$$

**SOLUÇÃO** Inicialmente verificamos que, para obter 3 DSE, devemos usar $tol = 0{,}5 \times 10^{-3}$.

Em seguida, a partir de

$$\mathbf{A} = \begin{bmatrix} -20 & 0 & 9 \\ -1 & -5 & 1 \\ 2 & 2 & 5 \end{bmatrix}, \quad \mathbf{b} = \begin{bmatrix} 78 \\ -5 \\ 8 \end{bmatrix},$$

e de (4.2) temos

$$\mathbf{C} = \begin{bmatrix} 0{,}00 & 0{,}00 & 0{,}45 \\ -0{,}20 & 0{,}00 & 0{,}20 \\ -0{,}40 & -0{,}40 & 0{,}00 \end{bmatrix}, \quad \mathbf{d} = \begin{bmatrix} -3{,}90 \\ 1{,}00 \\ 1{,}60 \end{bmatrix}.$$

A tabela a seguir mostra a sequência das primeiras aproximações.

| $k$ | ${x_1}^{(k)}$ | ${x_2}^{(k)}$ | ${x_3}^{(k)}$ | $\epsilon_{\text{rel}}$ |
|---|---|---|---|---|
| 1 | 1,0000 | 1,0000 | 1,0000 | – |
| 2 | –3,4500 | 1,0000 | 0,8000 | 1,2105 |
| 3 | –3,5400 | 1,8500 | 2,5800 | 0,4153 |
| 4 | –2,7390 | 2,2240 | 2,2760 | 0,2226 |
| 5 | –2,8758 | 2,0030 | 1,8060 | 0,1362 |
| 6 | –3,0873 | 1,9364 | 1,9491 | 0,0639 |
| 7 | –3,0229 | 2,0073 | 2,0604 | 0,0352 |
| 8 | –2,9728 | 2,0167 | 2,0062 | 0,0181 |
| 9 | –2,9972 | 1,9958 | 1,9825 | 0,0097 |
| 10 | –3,0079 | 1,9959 | 2,0005 | 0,0051 |
| 11 | –2,9998 | 2,0017 | 2,0048 | 0,0026 |
| 12 | –2,9978 | 2,0009 | 1,9992 | 0,0014 |
| 13 | –3,0003 | 1,9994 | 1,9988 | 0,0007 |
| 14 | –3,0006 | 1,9998 | 2,0004 | 0,0004 |

A solução do sistema, com 3 DSE, é $x_1 = -3{,}00$, $x_2 = 2{,}00$ e $x_3 = 2{,}00$.

O algoritmo SLGAUSSJACOBI sistematiza o método de Gauss-Jacobi.

Vimos que o método funcionou para o problema do exemplo. A pergunta natural é: *funciona sempre*? A resposta é *não*.

Sendo $\hat{\mathbf{x}}$ a solução do sistema linear, a estimativa inicial $\mathbf{x}^{(1)}$ é tal que

$$\mathbf{x}^{(1)} = \hat{\mathbf{x}} + \boldsymbol{\epsilon},$$

onde o vetor $\boldsymbol{\epsilon}$ é o erro de aproximação. Dessa forma, a próxima estimativa é

$$\begin{aligned}\mathbf{x}^{(2)} &+ \mathbf{C}\mathrm{x}^{(1)} + \mathbf{d}\\ &= \mathbf{C}(\hat{\mathbf{x}} + \boldsymbol{\epsilon}) + \mathbf{d}\\ &= \mathbf{C}\hat{\mathbf{x}} + \mathbf{C}\boldsymbol{\epsilon} + \mathbf{d}\\ &= (C\hat{\mathbf{x}} + \mathbf{d}) + \mathbf{C}\boldsymbol{\epsilon}\\ &= \hat{\mathbf{x}} + \mathbf{C}\boldsymbol{\epsilon}.\end{aligned}$$

E, assim,

$$\begin{aligned}\mathbf{x}^{(3)} &= \hat{\mathbf{x}} + \mathbf{C}^2\boldsymbol{\epsilon}\\ \mathbf{x}^{(4)} &= \hat{\mathbf{x}} + \mathbf{C}^3\boldsymbol{\epsilon}\\ &\vdots\\ \mathbf{x}^{(k)} &= \hat{\mathbf{x}} + \mathbf{C}^{k-1}\boldsymbol{\epsilon}.\end{aligned}$$

Para que a sequência $\mathbf{x}^{(1)}$, $\mathbf{x}^{(2)}$,... tenha **convergência** para $\hat{\mathbf{x}}$ é necessário que

$$\lim_{k\to+\infty} \mathbf{C}^k = \mathbf{0}. \tag{4.3}$$

**Algoritmo 12** SLGAUSSJACOBI

> **entrada** : $\mathbf{A}$, $\mathbf{b}$, *tol*, $k_{\max}$
> **saída** : $\mathbf{x}$, $\epsilon_{\text{rel}}$, $k$
> *Matriz e vetor de iteração*

1:   $n \leftarrow$ número de linhas de $\mathbf{A}$
2:   $\mathbf{C} \leftarrow \text{ZEROS}(n, n)$
3:   $\mathbf{d} \leftarrow \text{ZEROS}(n, 1)$
4:   **para** $i \leftarrow 1 : n$
5:     **para** $j \leftarrow 1 : n$
6:       **se** $i \neq j$ **então**
7:         $C_{i,j} \leftarrow -A_{i,j}/A_{i,i}$
8:       **fim**
9:     **fim**
10:   $d_i \leftarrow b_i/A_{i,i}$
11: **fim**
> *Processo iterativo*

12:   $k \leftarrow 1$
13:   $\mathbf{x} \leftarrow \text{UNS}(n, 1)$
14:   $\epsilon_{\text{rel}} \leftarrow +\infty$
15:   **enquanto** $k < k_{\max}$ **e** $\epsilon_{\text{rel}} > tol$
16:     $k \leftarrow k + 1$
17:     $\mathbf{u} \leftarrow \mathbf{x}$
18:     $\mathbf{x} \leftarrow \mathbf{Cx} + \mathbf{d}$
19:     $\epsilon_{\text{rel}} \leftarrow \text{ERRORELVet}(\mathbf{u}, \mathbf{x})$
20: **fim**

Pode-se verificar (Burden; Faires, 2008) que a condição (4.3) é verdadeira em dois casos:

1. Se a matriz $\mathbf{C}$ tem *raio espectral* $\rho$ menor que a unidade, isto é,

$$\rho = \max \{|\lambda_1|, |\lambda_2|, \ldots\} < 1,$$

onde $\lambda_1, \lambda_2 \ldots$ são os autovalores de $\mathbf{C}$.

2. Se a matriz $\mathbf{A}$ é estritamente *diagonal dominante*, isto é,

$$|a_{ii}| > \sum_{j \neq i} |a_{ij}|, \quad 1 \leq i \leq n.$$

O primeiro critério é necessário e suficiente, porém é computacionalmente trabalhoso de ser verificado. O segundo critério é suficiente mas não necessário, porém é mais facilmente verificável.

**Usando o MATLAB** Os autovalores e o raio espectral da matriz C do Exemplo 4.3, podem ser obtidos com os seguintes comandos:

```
>> lambda = eig(C)
lambda =
  -0.0650 + 0.5222i          (autovalor complexo)
  -0.0650 - 0.5222i          (autovalor complexo)
   0.1300                    (autovalor real)
>> ro = max(abs(lambda))     (raio espectral)
ro = 0.5262
```

Se convergir, a sequência de estimativas obtidas pelo método de Gauss-Jacobi tem convergência de ordem *linear*, isto é, $||\epsilon_{k+1}|| \approx c\ ||\epsilon_k||$. Quanto menor for o raio espectral da matriz de interação **C**, maior será a velocidade de convergência. De modo semelhante, quanto maior for a dominância diagonal da matriz **A** do sistema linear, maior será a velocidade de convergência. O método de Gauss-Seidel permite acelerar a convergência do método de Gauss-Jacobi.

## 4.5 Método de Gauss-Seidel

O método de Gauss-Seidel[3] é uma modificação do método de Gauss-Jacobi para acelerar o processo iterativo. A ideia básica é calcular a componente $x_i^{(k)}$, a partir das componentes $x_j^{(k-1)}$, $j > i$ da iteração anterior e das componentes $x_j^{(k)}$, $j < i$, já calculadas da iteração corrente.

**EXEMPLO 4.4** *Resolva o sistema linear do Exemplo 4.3 usando o método de Gauss-Seidel com os mesmos parâmetros de tolerância e estimativa inicial de solução.*

**SOLUÇÃO** Na segunda iteração ($k = 2$), a primeira componente de $\mathbf{x}$ ($i = 1$) é calculada por

$$\begin{aligned} x_1^{(2)} &= \mathbf{C}_{1,:} \cdot \mathbf{x} + d_1, \\ &= [0{,}00 \quad 0{,}00 \quad 0{,}45] \cdot [1{,}0000 \quad 1{,}0000 \quad 1{,}0000]^{\mathrm{T}} - 3{,}90, \\ &= -3{,}4500. \end{aligned}$$

A segunda ($i = 2$) componente de $\mathbf{x}$ é calculada a partir de $\mathbf{x}^*$ (vetor com a primeira componente *atualizada*).

$$\begin{aligned} x_2^{(2)} &= \mathbf{C}_{2,:} \cdot \mathbf{x}^* + d_2, \\ &= [-0{,}20 \quad 0{,}00 \quad 0{,}20] \cdot [-3{,}4500^* \quad 1{,}0000 \quad 1{,}0000]^{\mathrm{T}} + 1{,}00, \\ &= 1{,}8900. \end{aligned}$$

[3] Philipp Ludwig von Seidel (1821 - 1896), matemático alemão. Trabalhou com óptica (desenvolveu a teoria da aberração óptica em telescópios astronômicos) e análise matemática (desenvolveu o importante conceito de convergência não uniforme). A denominação *método de Gauss-Seidel* é, segundo alguns autores, um abuso, pois Gauss aparentemente não o conhecia e Seidel não o recomendava! (Benzi, 2009; O'Connor; Robertson, 2015).

A terceira ($i = 3$) componente de $\mathbf{x}$ é calculada a partir de $\mathbf{x}^{**}$ (vetor com a primeira e segunda componentes *atualizadas*).

$$\begin{aligned} x_3^{(2)} &= \mathbf{C}_{3,:} \cdot \mathbf{x}^{**} + d_3, \\ &= [-0{,}40 \quad -0{,}40 \quad 0{,}00] \cdot [-3{,}4500^* \quad 1{,}8900^* \quad 1{,}0000]^{\mathrm{T}} + 1{,}60, \\ &= 2{,}2240. \end{aligned}$$

Prosseguindo com esse esquema, os demais valores são calculados, conforme mostrado na tabela a seguir.

| $k$ | $x_1^{(k)}$ | $x_2^{(k)}$ | $x_3^{(k)}$ | $\epsilon_{\text{rel}}$ |
|---|---|---|---|---|
| 1 | 1,0000 | 1,0000 | 1,0000 | – |
| 2 | −3,4500 | 1,8900 | 2,2240 | 1,0401 |
| 3 | −2,8992 | 2,0246 | 1,9498 | 0,1560 |
| 4 | −3,0226 | 1,9945 | 2,0112 | 0,0341 |
| 5 | −2,9949 | 2,0012 | 1,9975 | 0,0077 |
| 6 | −3,0011 | 1,9997 | 2,0006 | 0,0017 |
| 7 | −2,9997 | 2,0001 | 1,9999 | 0,0004 |

A solução do sistema, com 3 DSE, é $x_1 = -3{,}00$, $x_2 = 2{,}00$ e $x_3 = 2{,}00$.

Pode-se mostrar que o método de Gauss-Seidel executa, em média, *a metade* do número de passos do método de Gauss-Jacobi para uma dada tolerância (Press et al., 2007). De fato, nos Exemplos 4.3 e 4.4, observamos que, com o método de Jacobi, uma solução (com a tolerância $tol = 0{,}5 \times 10^{-3}$) foi obtida na iteração 14 e, pelo método de Seidel, ela foi obtida já na iteração 7. Para uma tolerância $tol = 0{,}5 \times 10^{-15}$, pelo método de Jacobi, uma solução obtida na iteração $k = 57$, e com o método de Seidel, na iteração $k = 26$.

O algoritmo SLGaussSeidel sistematiza o método de Gauss-Seidel.

**Algoritmo 13** SLGaussSeidel

**entrada** : $\mathbf{A}$, $\mathbf{b}$, $tol$, $k_{\max}$
**saída** : $\mathbf{x}$, $\epsilon_{\text{rel}}$, $k$
*Matriz e vetor de iteração*
$n \leftarrow$ número de linhas de $\mathbf{A}$
$\mathbf{C} \leftarrow$ Zeros($n$, $n$)
$\mathbf{d} \leftarrow$ Zeros($n$, 1)
**para** $i \leftarrow 1 : n$
  **para** $j \leftarrow 1 : n$
    **se** $i \neq j$ **então**
      $C_{i,j} \leftarrow -A_{i,j}/A_{i,i}$
    **fim**

9:     **fim**
10:    $d_i \leftarrow b_i / A_{i,i}$
11: **fim**
    *Processo iterativo*
12:   $k \leftarrow 1$
13:   $\mathbf{x} \leftarrow \text{U{\scriptsize NS}}(n, 1)$
14:   $\epsilon_{\text{rel}} \leftarrow +\infty$
15:   **enquanto** $k < k_{\max}$ **e** $\epsilon_{\text{rel}} > tol$
16:     $k \leftarrow k + 1$
17:     $\mathbf{u} \leftarrow \mathbf{x}$
18:     **para** $i \leftarrow 1 : n$
19:       $x_i \leftarrow \mathbf{C}_{i,:} \cdot \mathbf{x} + d_i$
20:     **fim**
21:     $\epsilon_{\text{rel}} \leftarrow \text{E{\scriptsize RRO}R{\scriptsize EL}V{\scriptsize ET}}(\mathbf{u}, \mathbf{x})$
22: **fim**

---

**Usando o MATLAB**   Ao implementar os algoritmos, tome cuidado para assegurar que os *vetores* sejam sempre *vetores-coluna*. Caso contrário, as operações de produto matriz-vetor resultarão em erros:

```
>> A = [2 1; -1 3]
A =
     2     1
    -1     3
>> x = [1 2], y = A*x
x =
     1     2
Error using *
Inner matrix dimensions must agree.

>> x = [1; 2], y = A*x
x =
     1
     2
y =
     4
     5
```

## 4.6 Problemas

### Método de Gauss

*Nos Problemas 4.1 a 4.4, são dados a matriz* **A** *e o vetor* **b** *de um sistema linear* **Ax** = **b**. *Resolva os sistemas lineares utilizando o método do escalonamento. Não é necessário usar pivotamento.*

**4.1.** ✎ $\mathbf{A} = \begin{bmatrix} 4 & -2 \\ 2 & 1 \end{bmatrix}, \quad \mathbf{b} = \begin{bmatrix} 8 \\ 0 \end{bmatrix}.$

**4.2.** ✎ $\mathbf{A} = \begin{bmatrix} 3 & -1 & 2 \\ 0 & 2 & 4 \\ -6 & 1 & -2 \end{bmatrix}, \quad \mathbf{b} = \begin{bmatrix} 4 \\ 0 \\ -4 \end{bmatrix}.$

**4.3.** ✎ $\mathbf{A} = \begin{bmatrix} 0{,}2 & 0{,}3 & 0{,}1 \\ 0{,}0 & -0{,}5 & -0{,}3 \\ -0{,}8 & -2{,}2 & -0{,}6 \end{bmatrix}, \quad \mathbf{b} = \begin{bmatrix} 0{,}6 \\ 0{,}0 \\ -4{,}4 \end{bmatrix}.$

**4.4.** ✎ $\mathbf{A} = \begin{bmatrix} 1 & 2 & 2 & 0 \\ 0 & 1 & -1 & 0 \\ -1 & -5 & 2 & 1 \\ 2 & 6 & 7 & 8 \end{bmatrix}, \quad \mathbf{b} = \begin{bmatrix} -3 \\ 2 \\ -2 \\ 12 \end{bmatrix}.$

**4.5.** Implemente o algoritmo SLGaussProv na sua linguagem preferida. Para verificar a correção da implementação, refaça o Exemplo 4.1.

**4.6.** Alguns sistemas lineares *não* podem ser resolvidos sem pivotamento (troca de linhas). Verifique que o algoritmo SLGaussProv não resolve o sistema linear **Ax** = **b** com

$$\mathbf{A} = \begin{bmatrix} 2 & 3 & 5 \\ 2 & 3 & -4 \\ 1 & 4 & -1 \end{bmatrix}, \quad \mathbf{b} = \begin{bmatrix} 1 \\ -8 \\ -8 \end{bmatrix}.$$

**4.7.** ☞ Implemente o algoritmo SLGauss na sua linguagem preferida. Para verificar a correção da implementação, refaça o Exemplo 4.1.

**4.8.** Uma boa maneira de testar a correção dos algoritmos é gerar e resolver sistemas lineares aleatórios.

(a) Crie uma matriz $\mathbf{A}_{10\times10}$ e um vetor $\mathbf{b}_{10\times1}$ aleatórios.

(b) Resolva o sistema **Ax** = **b** com o algoritmo SLGauss.

(c) Confira o resultado calculando o resíduo relativo entre os vetores **Ax** e **b**.

**4.9.** Mesmo sistemas lineares pequenos podem ser mal-condicionados. Considere o sistema linear **Ax** = **b** dado por

$$\mathbf{A} = \begin{bmatrix} 43 & -86 & -16 \\ 23 & -46 & 72 \\ -32 & 30 & 58 \end{bmatrix}, \quad \mathbf{b} = \begin{bmatrix} -59 \\ 49 \\ 56 \end{bmatrix},$$

cuja solução é $\mathbf{x} = [1\ 1\ 1]^T$. Resolva-o mediante os algoritmos SLGaussProv e SLGauss e verifique que os resultados são bem distintos.

**4.10.** O número $N$ de operações elementares utilizado pelo método de Gauss é proporcional ao cubo do tamanho $n$ do sistema linear, isto é, $N(n) \sim n^3$. Verifique isso fazendo o seguinte: (a) modifique o algoritmo SLGauss para incluir um *contador* de operações aritméticas (+, -, *, /). (b) Gere sistemas lineares aleatórios de tamanho $n = 2, 3,\ldots, 50$ e determine o número $N(n)$ de operações efetuadas para resolver cada sistema. (c) Calcule $\frac{N(n)}{n^3}$ e verifique que essa razão tende para uma constante a medida que $n$ aumenta.

## Erro relativo

*Nos Problemas 4.11 e 4.12, são dadas duas estimativas sucessivas $\mathbf{x}^{(1)}$ e $\mathbf{x}^{(2)}$ para a solução de um sistema linear. Determine a diferença relativa $\epsilon_{rel}$ das estimativas.*

**4.11.** ✎ $\mathbf{x}^{(1)} = \begin{bmatrix} 1{,}75 \\ -2{,}01 \end{bmatrix}, \quad \mathbf{x}^{(2)} = \begin{bmatrix} 1{,}77 \\ -1{,}99 \end{bmatrix}.$

**4.12.** ✎ $\mathbf{x}^{(1)} = \begin{bmatrix} 1{,}9974 \\ -0{,}1996 \\ 3{,}2897 \end{bmatrix}, \quad \mathbf{x}^{(2)} = \begin{bmatrix} 1{,}9997 \\ -0{,}2003 \\ 3{,}2975 \end{bmatrix}.$

**4.13.** ✎ Implemente o algoritmo ErroRelVelt na sua linguagem preferida. Para verificar a correção da implementação, refaça o Exemplo 4.2.4.14. Considere o sistema linear $\mathbf{Ax} = \mathbf{b}$ dado por

$$\mathbf{A} = \begin{bmatrix} 1+t & -1 \\ 1 & -1 \end{bmatrix}, \quad \mathbf{b} = \begin{bmatrix} t \\ 0 \end{bmatrix},$$

onde $0 < t \leq 1$ é uma constante.

(a) Encontre (algebricamente) a solução $\hat{\mathbf{x}}$ do sistema.

(b) Resolva o sistema $\mathbf{Ax} = \mathbf{b}$ com seu algoritmo SLGaussProv para $t = 1, 10^{-1}, 10^{-2},\ldots, 10^{-15}$ e determine o erro relativo entre a solução exata e a solução numérica. O que ocorre com o erro relativo à medida que $t$ diminui?

## Método de Gauss-Jacobi

*Nos Problemas 4.15 a 4.18, são dados a matriz* $\mathbf{A}$ *e o vetor* $\mathbf{b}$ *de um sistema linear* $\mathbf{Ax} = \mathbf{b}$. *Considere o método de Gauss-Jacobi e (a) determine a matriz* $\mathbf{C}$ *e o vetor* $\mathbf{d}$ *de iteração; (b) determine as primeiras quatro estimativas de solução:* $\mathbf{x}^{(k)}$, $k = 1, \ldots, 4$; *(c) estime o erro relativo da última iteração.*

**4.15.** ✎ $\mathbf{A} = \begin{bmatrix} 2 & -1 \\ 1 & 2 \end{bmatrix}, \quad \mathbf{b} = \begin{bmatrix} 2 \\ 6 \end{bmatrix}.$

**4.16.** ✎ $\mathbf{A} = \begin{bmatrix} 5 & 2 & 1 \\ 2 & 5 & 2 \\ 1 & 2 & 5 \end{bmatrix}, \mathbf{b} = \begin{bmatrix} 5 \\ 1 \\ 9 \end{bmatrix}.$

**4.17.** ✎ $\mathbf{A} = \begin{bmatrix} 20 & 5 & 1 \\ -2 & 10 & 2 \\ 1 & 4 & 10 \end{bmatrix}, \mathbf{b} = \begin{bmatrix} 32 \\ -20 \\ 14 \end{bmatrix}.$

**4.18.** ✎ $\mathbf{A} = \begin{bmatrix} 4 & 2 & 0 & 0 \\ -1 & 4 & 2 & 0 \\ 0 & -1 & 4 & 2 \\ 0 & 0 & -1 & 4 \end{bmatrix}, \mathbf{b} = \begin{bmatrix} 0 \\ 9 \\ 0 \\ 4 \end{bmatrix}.$

**4.19.** Implemente o algoritmo SLGaussJacobi na sua linguagem preferida. Para verificar a correção da implementação, refaça o Exemplo 4.3.

## Método de Gauss-Seidel

*Nos Problemas 4.20 a 4.23, utilize o método de Gauss-Seidel e determine (a) a matriz* **C** *e o vetor* **d** *de iteração, e (b) as primeiras quatro estimativas de solução:* $\mathbf{x}^{(k)}$, $k = 1, \ldots, 4$. *(c) Estime o erro relativo da última iteração.*

**4.20.** ✎ Sistema linear do Problema 4.15

**4.21.** ✎ Sistema linear do Problema 4.16

**4.22.** ✎ Sistema linear do Problema 4.17

**4.23.** ✎ Sistema linear do Problema 4.18

**4.24.** ☞ Implemente o algoritmo SLGaussSeidel na sua linguagem preferida. Para verificar a correção da implementação, refaça o Exemplo 4.4.

**4.25.** Compare o número de iterações utilizadas pelos algoritmos SLGaussJacobi e SLGaussSeidel para resolver os Problemas 4.15 a 4.18 com $tol = 0{,}5 \times 10^{-12}$.

**4.26.** Modifique o algoritmo SLGaussSeidel de modo a empregar o critério de parada 2 em vez de o critério 1 (p. 63). Compare o número de iterações utilizadas entre esse algoritmo e o original refazendo os Problemas 4.15 a 4.18 com $tol = 0{,}5 \times 10^{-12}$.

## Tópicos diversos

**4.27.** Verifique que o sistema linear abaixo *não é* diagonal dominante. No entanto, ele pode ser *reescrito* na forma diagonal dominante *preservando* a solução. Como isso pode ser feito? Qual é a solução do sistema linear?

$$\begin{cases} 2x_2 + 5x_3 + 2x_4 = 1 \\ 2x_1 + 3x_4 = 2 \\ 6x_2 + 3x_3 + 2x_4 = 3 \\ 3x_1 + 2x_3 = 4 \end{cases}$$

**4.28.** Se um sistema linear satisfaz as condições de convergência, então o processo iterativo $\mathbf{x}^{(k)} = \mathbf{C}\mathbf{x}^{(k-1)} + \mathbf{d}$ converge para *qualquer* estimativa inicial $\mathbf{x}^{(1)}$. Para verificação, altere o algoritmo SLGaussJacobi para que ele inicie o processo iterativo a partir de:

(a) $\mathbf{x}^{(1)} = [0\ 0\ \cdots\ 0]^{\mathrm{T}}$.

(b) $\mathbf{x}^{(1)} = [1\ 2\ \cdots\ n]^{\mathrm{T}}$.

(c) $\mathbf{x}^{(1)} = [100\ 100\ \cdots\ 100]^{\mathrm{T}}$.

Aplique o algoritmo para resolver o sistema linear do Exemplo 4.3 e compare o número de passos necessários para obter a solução com $tol = 0{,}5 \times 10^{-12}$.

**4.29.** Se a matriz de coeficientes de um sistema linear é estritamente diagonal dominante, os processos iterativos são convergentes. Essa condição, embora suficiente, não é necessária.

(a) A matriz de coeficientes do sistema linear a seguir não é diagonal dominante. Verifique, no entanto, que os métodos Gauss-Jacobi e Gauss-Seidel geram estimativas convergentes.

$$\begin{cases} 10x_1 - x_2 = 17 \\ -11x_1 + 10x_2 = 8 \end{cases}$$

(b) A matriz de coeficientes do sistema linear a seguir é (não estritamente) diagonal dominante. Verifique que os métodos Gauss-Jacobi e Gauss-Seidel geram estimativas oscilantes não convergentes.

$$\begin{cases} x_1 + x_3 = 6 \\ x_1 - x_2 = 3 \\ x_1 + 2x_2 - 3x_3 = 9 \end{cases}$$

**4.30.** Um artista plástico deseja fazer uma escultura composta de 10 postes verticais colocados lado a lado em um gramado. A altura do primeiro poste é $h_1 = 2$ m e a do último é $h_{10} = 8$ m. A altura de cada poste intermediário $h_k$ $(2 \leq k \leq 9)$ é a média aritmética ponderada das alturas de seus vizinhos.

$$h_k = \frac{2h_{k-1} + h_{k+1}}{3}.$$

Encontre o sistema linear que modela este problema, resolva-o com $tol = 0{,}5 \times 10^{-12}$ e determine a altura de cada poste.

**4.31.** Um modo de encontrar a matriz inversa $B$ de uma dada matriz $\mathbf{A}$ (de ordem $n$) é observar que se $\mathbf{AB} = \mathbf{I}_n$, então $\mathbf{A}\ [\mathbf{b}_1\ \mathbf{b}_2\ \cdots\ \mathbf{b}_n] = [\mathbf{i}_1\ \mathbf{i}_2\ \cdots\ \mathbf{i}_n]$, que é equivalente a $[\mathbf{Ab}_1\ \mathbf{Ab}_2\ \cdots\ \mathbf{Ab}_n] = [\mathbf{i}_1\ \mathbf{i}_2\ \cdots\ \mathbf{i}_n]$. Isso é equivalente à resolução de $n$ sistemas lineares da forma $\mathbf{Ab}_1 = \mathbf{i}_1$, $\mathbf{Ab}_2 = \mathbf{i}_2$, ..., $\mathbf{Ab}_n = \mathbf{i}_n$, onde $\mathbf{b}_k$ é a $k$-ésima coluna de $B$ e $\mathbf{i}_k$ é a $k$-ésima coluna de $\mathbf{I}$. Use esse fato para determinar a 2ª coluna da matriz inversa de

$$\mathbf{A} = \begin{bmatrix} 1{,}3 & -4{,}5 & 6{,}8 & -0{,}1 & 7{,}1 & 1{,}5 \\ -2{,}0 & 0{,}4 & 0{,}9 & -1{,}9 & 6{,}9 & 6{,}7 \\ -6{,}0 & -0{,}2 & -0{,}3 & 5{,}8 & 0{,}8 & -6{,}9 \\ 6{,}2 & 3{,}1 & -6{,}1 & 0{,}5 & 4{,}5 & -7{,}2 \\ -3{,}7 & 0{,}1 & 6{,}0 & 3{,}6 & 4{,}4 & 4{,}7 \\ 5{,}7 & 3{,}8 & -0{,}1 & -6{,}3 & -3{,}5 & 5{,}5 \end{bmatrix}.$$

**4.32.** Considere o quadro:

| | | | | |
|---|---|---|---|---|
| 100 | 100 | 100 | 100 | 500 |
| 100 | $T_1$ | $T_2$ | $T_3$ | 500 |
| 100 | $T_4$ | $T_5$ | $T_6$ | 500 |
| 100 | $T_7$ | $T_8$ | $T_9$ | 500 |
| 100 | 100 | 100 | 100 | 500 |

Determine os valores de $T_k$, $(k = 1,\ldots, 9)$, sabendo que cada valor $T_k$ é obtido pela *média aritmética* dos seus quatro vizinhos: de cima, de baixo, da esquerda e da direita. Por exemplo,

$$T_6 = \frac{T_3 + T_9 + T_5 + 500}{4}.$$

(Esse modelo é usado para determinar a distribuição de temperaturas em uma placa homogênea, para mais detalhes ver Anton e Busby, 2006 ou Lay, 2012.)

**4.33.** Em química, as quantidades molares dos componentes de uma reação podem ser determinados via resolução de sistemas lineares. Considere a reação a seguir:

$$x_1 K_2Cr_2O_7 + x_2 Na_2C_2O_4 + x_3 H_2SO_4 \rightarrow$$
$$x_4 K_2SO_4 + x_5 Cr_2(SO_4)_3 + x_6 Na_2SO_4 + x_7 H_2O + x_8 CO_2.$$

Como a quantidade de oxigênio nos reagentes deve ser igual à quantidade de oxigênio nos produtos, temos

$$7x_1 + 4x_2 + 4x_3 = 4x_4 + 12x_5 + 4x_6 + x_7 + 2x_8.$$

Assim temos *uma* equação linear para $x_1, x_2,\ldots, x_8$. Como a reação envolve sete elementos (K, Cr, O, Na, C, H, S) podemos obter um sistema linear com sete equações e oito incógnitas. Para a *resolução* do sistema linear devemos prescrever o valor de uma das incógnitas, por exemplo, fazendo $x_8 = 1$.

(a) Obtenha as demais equações do sistema linear correspondente a reação.

(b) Resolva o sistema e encontre as quantidades molares dos componentes da reação.

**4.34.** No cálculo do erro relativo $\epsilon_{\text{rel}}$ para vetores, além da norma-2 definida em (4.1), outras normas podem ser utilizadas como, por exemplo, a norma-$\infty$, definida por

$$||\mathbf{v}||_\infty = \max\,\{|v_1|, |v_2|,\ldots, |v_n|\}.$$

Altere o algoritmo ErroRelVelt para considerar essa norma. Em seguida refaça o Exemplo 4.3 comparando as diferenças relativas e o número de iterações utilizadas. Os métodos são equivalentes?

**4.35.** O *método das diferenças finitas* transforma a equação diferencial ordinária

$$\begin{cases} y'' + x^2y' - 4xy = 0, & x \in [0,1] \\ y(0) = 0, \quad y(1) = 5 \end{cases}$$

em um sistema de equações lineares da forma

$$(2 - k^2h^3)_{y_{k-1}} - 4(1 + 2kh^3)_{y_k} + (2 + k^2h^3)_{y_{k+1}} = 0$$

com $k = 1, 2, \ldots, (n-1)$, $h = 1/n$, $y_0 = 0$ e $y_n = 5$.

(a) Faça $n = 5$ e monte o sistema linear associado.

(b) Resolva numericamente o sistema linear.

(c) Compare a solução numérica com a solução analítica exata $\hat{y}(x) = x^4 + 4x$.

**4.36.** O método denominado *successive overrelaxation* (SOR) é uma generalização do método de Gauss-Seidel (Black; Moore, 2015; Burden; Faires, 2008). Nessa generalização, cada nova componente $x_i$ é calculada a partir da média ponderada entre a estimativa anterior $u_i$ e a estimativa calculada pelo método de Gauss-Seidel. A implementação pode ser feita reescrevendo a linha 19 do algoritmo SLGaussSeidel:

$$x_i \leftarrow \omega(\mathbf{C}_{i,:} \cdot \mathbf{x} + d_i) + (1 - \omega)u_i,$$

onde $\omega$ é o parâmetro de relaxação. Sob certas condições, a escolha do valor de $\omega$ (entre 0 e 2) garante que o método converge mais rapidamente. Observe que se $\omega = 1$, temos o método Gauss-Seidel usual.

(a) Modifique o algoritmo SLGaussSeidel para utilizar o método SOR.

(b) Resolva o sistema linear dado no Exemplo 4.4 usando $tol = 0{,}5 \times 10^{-15}$ e $\omega = 0{,}5, 0{,}6, \ldots, 1{,}5$.

(c) Determine o valor de $\omega_{\min}$ para o qual a solução é obtida com *menor* número de iterações.

**Observação** O ponto fraco do método é que, com exceção de casos especiais, o valor ótimo $\omega_{\min}$ não pode ser conhecido antecipadamente.

CAPÍTULO 5

# Interpolação

## 5.1 Definição do problema

Seja $f : \mathbb{R} \rightarrow \mathbb{R}$ uma função conhecida "apenas" por um conjunto finito de valores, isto é,

$$y_1 = f(x_1), \quad y_2 = f(x_2), \quad \ldots, \quad y_n = f(x_n),$$

onde $x_1 < x_2 < \ldots < x_n$. O problema da *interpolação* consiste em determinar a expressão algébrica de uma **função de interpolação** $g$ tal que

$$g(x_1) = f(x_1), \quad g(x_2) = f(x_2), \quad \ldots, \quad g(x_n) = f(x_n).$$

Em geral, a função de interpolação é usada para estimar o valor de $v = f(u) \approx g(u)$ quando $u \notin \{x_1, x_2, \ldots, x_n\}$ e $x_1 < u < x_n$. A Figura 5.1 mostra os pontos $(x_1, y_1)$, $(x_2, y_2)$,..., $(x_n, y_n)$ ditos **nodos** de interpolação, uma curva (polinomial) de interpolação e um ponto interpolado.

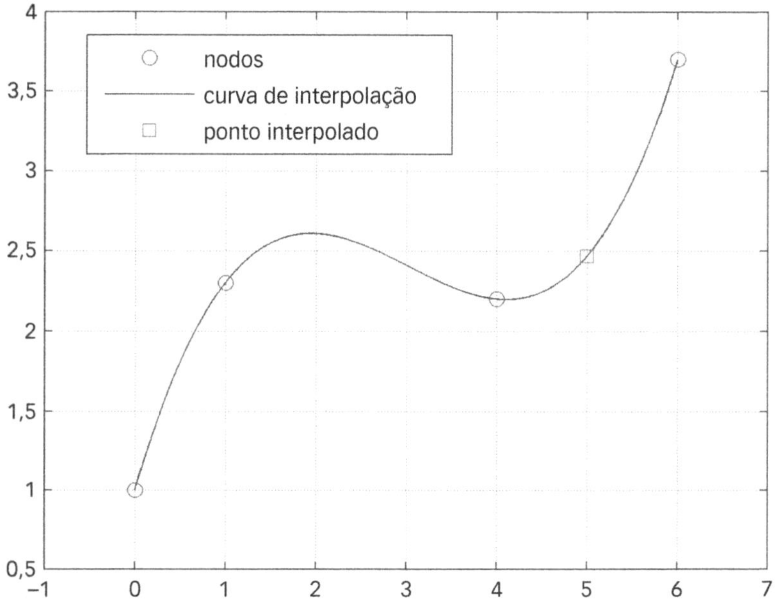


**FIGURA 5.1** A curva de interpolação passa sobre os nodos de interpolação.

Basicamente, as funções de interpolação podem ser divididas em dois grupos:

- Funções definidas por *uma única* expressão algébrica definida para todo o intervalo $[x_n, y_n]$. Por exemplo, funções polinomiais ou racionais
- Funções definidas por *mais de uma* expressão algébrica (também chamadas de funções definidas por partes), definidas para cada subintervalo $[x_1, x_2]$, $[x_2, x_3]$, ..., $[x_{n-1}, x_n]$. Por exemplo, *spline* linear (funções polinomiais de grau 1) ou *spline* cúbico (funções polinomiais de grau 3).

Em alguns casos, há o interesse na interpolação, mesmo quando a função é conhecida por sua expressão algébrica em todo o intervalo $[x_1, x_n]$. É o caso da integração numérica que abordaremos no Capítulo 7.

Neste capítulo, veremos métodos de interpolação por função polinomial (Vandermonde e Lagrange) e por *spline* cúbico.

## 5.2 Método de Vandermonde

O método de Vandermonde[1] consiste em determinar um **polinômio interpolador** $p$ que passe por todos os $n$ nodos de interpolação, isto é,

$$p(x_1)= y_1, \quad p(x_2)= y_2, \quad \ldots, \quad p(x_n) = y_n. \tag{5.1}$$

Pode-se mostrar que existe um polinômio que satisfaz as condições dadas em (5.1) com grau $m \leq n - 1$. O valor $n - 1$ é dito **ordem de interpolação** (Cláudio; Marins, 1989). Desse modo, deve-se determinar os coeficientes $c_0$, $c_1$,..., $c_{n-1}$ do polinômio

$$p_{n-1}(x)= c_{n-1}x^{n-1} + c_{n-2}x^{n-2} + \cdots + c_2x^2 + c_1x^2 + c_0. \tag{5.2}$$

De (5.1) e (5.2), obtemos o sistema de $n$ equações lineares

$$\left\{\begin{array}{ccccccccccc} p(x_1) & = & c_{n-1}\,x_1^{n-1} & + & \cdots & + & c_2\,x_1^2 & + & c_1\,x_1 & + & c_0 & = & y_1 \\ p(x_2) & = & c_{n-1}\,x_2^{n-1} & + & \cdots & + & c_2\,x_2^2 & + & c_1\,x_2 & + & c_0 & = & y_2 \\ \vdots & & \vdots & & & & \vdots & & \vdots & & \vdots & & \vdots \\ p(x_n) & = & c_{n-1}\,x_n^{n-1} & + & \cdots & + & c_2\,x_n^2 & + & c_1\,x_n & + & c_0 & = & y_n \end{array}\right. \tag{5.3}$$

nas $n$ incógnitas $c_{n-1}$,..., $c_2$, $c_1$, $c_0$.

O sistema linear (5.3) pode ser escrito na forma matricial $\mathbf{Xc} = \mathbf{y}$ com

$$\mathbf{X} = \begin{bmatrix} x_1^{n-1} & \cdots & x_1^2 & x_1 & 1 \\ x_2^{n-1} & \cdots & x_2^2 & x_2 & 1 \\ \vdots & & \vdots & \vdots & \vdots \\ x_n^{n-1} & \cdots & x_n^2 & x_n & 1 \end{bmatrix}, \mathbf{c} = \begin{bmatrix} c_{n-1} \\ \vdots \\ c_2 \\ c_1 \\ c_0 \end{bmatrix}, \mathbf{y} = \begin{bmatrix} y_1 \\ y_2 \\ \vdots \\ y_n \end{bmatrix}.$$

[1] Ver nota biográfica na p. 22.

A matriz **X** descrita é denominada **matriz de Vandermonde**. A solução do sistema linear (5.3) fornece os coeficientes do polinômio interpolador (5.2).

**EXEMPLO 5.1** *Considere a função f conhecida nos nodos (x, y) dados na tabela a seguir.*

| $x$ | $y$ |
|---|---|
| 0,0 | 1,0 |
| 1,0 | 2,3 |
| 4,0 | 2,2 |
| 6,0 | 3,7 |

*1. Encontre o polinômio p interpolador aos nodos dados.*
*2. Use o polinômio para estimar o valor de $v = f(5)$.*

**SOLUÇÃO** Como $n = 4$, o polinômio interpolador é da forma

$$p(x) = c_3x^3 + c_2x^2 + c_1x + c_0$$

e o sistema linear $\mathbf{Xc} = \mathbf{y}$ correspondente é

$$\begin{bmatrix} 0 & 0 & 0 & 1 \\ 1 & 1 & 1 & 1 \\ 64 & 16 & 4 & 1 \\ 216 & 36 & 6 & 1 \end{bmatrix} \begin{bmatrix} c_3 \\ c_2 \\ c_1 \\ c_0 \end{bmatrix} = \begin{bmatrix} 1{,}0 \\ 2{,}3 \\ 2{,}2 \\ 3{,}7 \end{bmatrix},$$

cuja solução (obtida pelo método do escalonamento abordado no Capítulo 4) é

$$\mathbf{c} = \begin{bmatrix} 0{,}0817 \\ -0{,}7417 \\ 1{,}9600 \\ 1{,}0000 \end{bmatrix}.$$

Assim, o polinômio interpolador é

$$p(x) = 0{,}0817x^3 - 0{,}7417x^2 + 1{,}9600x + 1{,}0000. \tag{5.4}$$

O valor de $v = f(5)$ é estimado por $p(5) = 2{,}4667$. A Figura 5.1 mostra os nodos de interpolação, o gráfico do polinômio interpolador $p$ e o ponto interpolado $(u, v)$.

**Usando o MATLAB** Se os algoritmos MVANDER (p. 22), VPOL (p. 21) e SLGAUSS (p. 61) já foram implementados, o Exemplo 5.1 pode ser resolvido do seguinte modo:

```
>> x = [0; 1; 4; 6];
>> y = [1.0; 2.3; 2.2; 3.7];
>> X = MVander(x, 3)
X =
     0     0     0     1
     1     1     1     1
    64    16     4     1
   216    36     6     1
>> c = SLGauss(X, y)
c =
    0.0817
   -0.7417
    1.9600
    1.0000
>> v = VPol(c, 5)
v =
    2.4667
```

O método de Vandermonde é bastante simples. A implementação do algoritmo é deixada como exercício (veja o Problema 5.3).

Apesar de conceitualmente simples, o método pode se tornar impreciso na interpolação de polinômios de grau elevado: a matriz **X** pode tornar-se *mal-condicionada* o que ocasiona erros na determinação dos coeficientes do polinômio interpolador (veja o Problema 5.28). Uma maneira de contornar esse problema é calcular os *valores* do polinômio sem calcular seus *coeficientes*, como no método de Lagrange, discutido na próxima seção.

Observemos que para um conjunto de $n$ nodos, o polinômio interpolador terá *grau máximo* (ordem) $n - 1$. É raro, mas pode ocorrer, que o polinômio interpolador tenha grau menor que $n - 1$ como mostra o Problema 5.5.

## 5.3 Método de Lagrange

O objetivo do método de Lagrange[2] é determinar o *valor* $v$ do polinômio interpolador $p$ na abcissa $u$, sem a necessidade de determinar previamente os *coeficientes* de $p$.

[2] Joseph-Louis Lagrange (1736 - 1813), matemático francês, nascido italiano. Desenvolveu consideravelmente o campo da análise, da teoria dos números e da mecânica celeste. O método de interpolação que leva seu nome foi descrito em *Leçons élémentaires sur les mathématiques données a l'école normale* em 1795. Aparentemente Lagrange desconhecia que o mesmo método tenha sido antecipado por Edward Waring em 1779 e por Leonhard Euler em 1783 (Meijering, 2002; O'Connor; Robertson, 2015).

Dados as abscissas dos nodos $x_1 < x_2 < \ldots < x_n$ construímos um conjunto de $n$ **polinômios auxiliares** $L_i$ dados por

$$\left\{\begin{array}{lcl} L_1(x) & = & \dfrac{(x-x_2)(x-x_3)(x-x_4)\cdots(x-x_n)}{(x_1-x_2)(x_1-x_3)(x_1-x_4)\cdots(x_1-x_n)} \\ L_2(x) & = & \dfrac{(x-x_1)(x-x_3)(x-x_4)\cdots(x-x_n)}{(x_2-x_1)(x_2-x_3)(x_2-x_4)\cdots(x_2-x_n)} \\ L_3(x) & = & \dfrac{(x-x_1)(x-x_2)(x-x_4)\cdots(x-x_n)}{(x_3-x_1)(x_3-x_2)(x_3-x_4)\cdots(x_3-x_n)} \\ \vdots & & \\ L_n(x) & = & \dfrac{(x-x_1)(x-x_2)(x-x_3)\cdots(x-x_{n-1})}{(x_n-x_1)(x_n-x_2)(x_n-x_3)\cdots(x_n-x_{n-1})} \end{array}\right. ,$$

ou seja,

$$L_i(x) = \prod_{j=1, j\neq i}^{n} \frac{x-x_j}{x_i-x_j}, \quad i=1,\ldots,n.$$

A Figura 5 2 ilustra a propriedade básica dos polinômios auxiliares:

$$L_i(x_j) = \begin{cases} 1, & i=j \\ 0, & i\neq j \end{cases} .$$

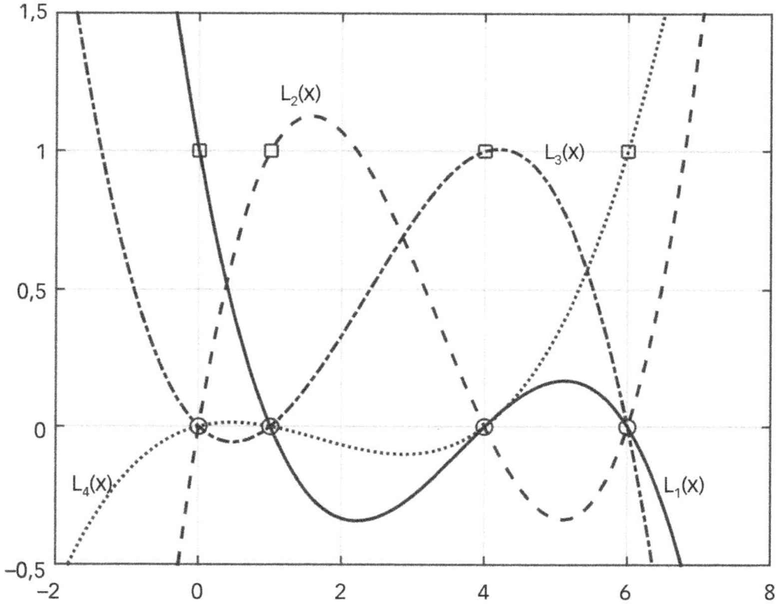


**FIGURA 5.2** Polinômios auxiliares.

Pode-se mostrar que os polinômios auxiliares formam uma *base* no espaço vetorial dos polinômios de grau $n - 1$. Assim, o polinômio interpolador $p$ pode ser obtido pela combinação linear

$$p(x) = y_1 L_1(x) + y_2 L_2(x) + \cdots + y_n L_n(x)$$
$$= \sum_{i=1}^{n} y_i L_i(x),$$

onde as ordenadas $y_i$ dos nodos são os coeficientes da combinação.

Finalmente, o polinômio interpolador é obtido por

$$p(x) = \sum_{i=1}^{n} y_i \prod_{j=1, j \neq i}^{n} \frac{x - x_j}{x_i - x_j} \qquad (5.5)$$

O valor $v = f(u) \approx p(u)$ é estimado substituindo-se $x$ por $u$ em (5.5). O algoritmo ILAGRANGE sistematiza a interpolação pelo método de Lagrange. Observe que, no algoritmo, **u** é vetor e, assim, mais de um valor pode ser interpolado no mesmo processo.

**Algoritmo 14** ILAGRANGE

    **entrada** : x, y, u
    **saída** : v
    *Inicialização*
1:     $n \leftarrow$ tamanho de **x**
2:     $m \leftarrow$ tamanho de **u**
3:     **v** $\leftarrow$ ZEROS($m, 1$)
    *Interpolação*
4:     **para** $k \leftarrow 1 : m$
5:         $s \leftarrow 0$
6:         **para** $i \leftarrow 1 : n$
7:             $p \leftarrow y_i$
8:             **para** $j \leftarrow 1 : n$
9:                 **se** $j \neq i$ **então**
10:                     $p \leftarrow p \cdot (u_k - x_j)/(x_i - x_j)$
11:                 **fim**
12:             **fim**
13:             $s \leftarrow s + p$
14:         **fim**
15:         $v_k \leftarrow s$
16:     **fim**

### 5.3.1 Fórmulas para 2 e 4 nodos

Existem dois casos particulares de (5.5) que são muito úteis e merecem destaque. Para $n = 2$ nodos temos

$$v_2 = y_1 \frac{u - x_2}{x_1 - x_2} + y_2 \frac{u - x_1}{x_2 - x_1}, \tag{5.6}$$

conhecida como fórmula de *interpolação linear* (pois $p$ tem grau 1).

Para $n = 4$ temos

$$\begin{aligned} v_4 = {} & y_1 \frac{(u - x_2)(u - x_3)(u - x_4)}{(x_1 - x_2)(x_1 - x_3)(x_1 - x_4)} + y_2 \frac{(u - x_1)(u - x_3)(u - x_4)}{(x_2 - x_1)(x_2 - x_3)(x_2 - x_4)} + \\ & y_3 \frac{(u - x_1)(u - x_2)(u - x_4)}{(x_3 - x_1)(x_3 - x_2)(x_3 - x_4)} + y_4 \frac{(u - x_1)(u - x_2)(u - x_3)}{(x_4 - x_1)(x_4 - x_2)(x_4 - x_3)}, \end{aligned} \tag{5.7}$$

conhecida como fórmula de *interpolação cúbica* (pois $p$ tem grau 3).

**Importante** Ao usar as fórmulas (5.6) e (5.7) deve-se escolher os nodos *mais próximos* de $u$. Em geral, isso significa escolher nodos consecutivos $x_1$ e $x_2$, tais que

$$x_1 < u < x_2$$

ou nodos consecutivos $x_1$, $x_2$, $x_3$ e $x_4$, tais que

$$x_1 < x_2 < u < x_3 < x_4.$$

**EXEMPLO 5.2** *Reconsidere a função $f$ do Exemplo 5.1. Use o método de Lagrange com 2 e 4 nodos para estimar o valor de $v = f(5)$.*

**SOLUÇÃO** Para $n = 2$, usamos (5.6) com $x_1 = 4{,}0$ e $x_2 = 6{,}0$. Assim, substituindo os valores tabelados obtemos

$$v_2 = 2{,}2 \frac{5{,}0 - 6{,}0}{4{,}0 - 6{,}0} + 3{,}7 \frac{5{,}0 - 4{,}0}{6{,}0 - 4{,}0},$$

que resulta em

$$\begin{aligned} v_2 &= 1{,}10 + 1{,}85 \\ &= 2{,}95. \end{aligned}$$

Para $n = 4$, usamos (5.7) com $x_1 = 0{,}0$, $x_2 = 1{,}0$, $x_3 = 4{,}0$ e $x_4 = 6{,}0$. Assim, substituindo os valores tabelados obtemos

$$\begin{aligned} p(5) = {} & 1{,}0 \frac{(5{,}0 - 1{,}0)(5{,}0 - 4{,}0)(5{,}0 - 6{,}0)}{(0{,}0 - 1{,}0)(0{,}0 - 4{,}0)(0{,}0 - 6{,}0)} + \\ & 2{,}3 \frac{(5{,}0 - 0{,}0)(5{,}0 - 4{,}0)(5{,}0 - 6{,}0)}{(1{,}0 - 0{,}0)(1{,}0 - 4{,}0)(1{,}0 - 6{,}0)} + \\ & 2{,}2 \frac{(5{,}0 - 0{,}0)(5{,}0 - 1{,}0)(5{,}0 - 6{,}0)}{(4{,}0 - 0{,}0)(4{,}0 - 1{,}0)(4{,}0 - 6{,}0)} + \\ & 3{,}7 \frac{(5{,}0 - 0{,}0)(5{,}0 - 1{,}0)(5{,}0 - 4{,}0)}{(6{,}0 - 0{,}0)(6{,}0 - 1{,}0)(6{,}0 - 4{,}0)}, \end{aligned}$$

que resulta em

$$\begin{aligned} p(5) &= 0{,}1667 - 0{,}7667 + 1{,}8333 + 1{,}2333 \\ &= 2{,}4667, \end{aligned}$$

que, como era de se esperar, corresponde ao mesmo valor obtido no Exemplo 5.1.

### 5.3.2 Erro na interpolação polinomial

Qual é o erro cometido ao se aproximar $\hat{v} = f(u)$ por $v = p(u)$ na interpolação polinomial? Por definição, o erro $\epsilon = v - \hat{v} = p(u) - f(u)$ somente pode ser obtido se conhecemos o valor exato de $\hat{v} = f(u)$ o qual, usualmente, é desconhecido.

Existem fórmulas para *estimar* o valor máximo do erro $\epsilon$ (Burden; Faires, 2008), mas essas fórmulas necessitam de estimativas para as cotas (limitantes) das derivadas de $f$. Uma alternativa utilizada usualmente é verificar a diferença relativa dos valores interpolados com quantidades crescentes de nodos de interpolação. Veja o Problema 5.13.

Se os nodos de interpolação são igualmente espaçados, o erro na interpolação polinomial é menor se $u$ está na *região central* do conjunto de nodos. No entanto, se $u$ se afasta da região central, o polinômio tende a oscilar violentamente e o erro tende a aumentar com o grau do polinômio interpolador. Esse problema, ilustrado na Figura 5.3, é conhecido como *fenômeno de Runge*[3].

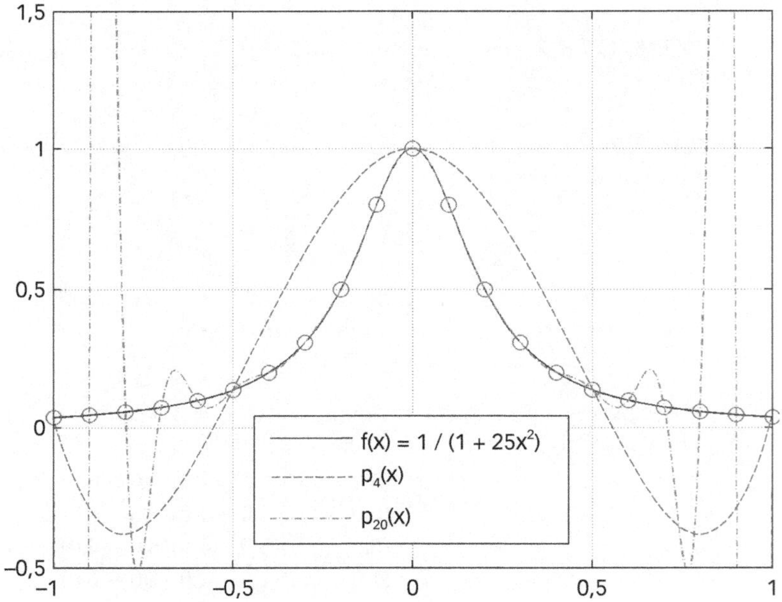


**FIGURA 5.3** Erro na interpolação polinomial.

[3] Ver nota biográfica na p. 143.

Para diminuir a oscilação nas regiões não centrais pode-se diminuir o espaçamento dos nodos nessas regiões, o que leva ao método de Chebyshev (Mathews, 1992).

Outro modo de evitar essa oscilação é usar um polinômio de grau baixo (1 ou 3, usualmente) para cada intervalo entre nodos (denominado ***spline***) como veremos na próxima seção. De modo geral, a interpolação por *spline* é mais confiável que a interpolação polinomial, a menos que o valor a ser interpolado fique na região central dos nodos de interpolação (como mostra o Problema 5.20). Na interpolação pelo método de Lagrange, mesmo com uma tabela de muitos valores, é costume utilizar 2, 4 ou 6 nodos simétricos ao ponto de interpolação.

## 5.4 Método do *spline* cúbico

A ideia fundamental da interpolação por *spline*[4] é "ligar" os nodos de interpolação por segmentos de retas (no caso do *spline* linear) ou segmentos curvos (no caso do *spline* cúbico). A Figura 5.4 mostra a interpolação por *spline* linear e cúbico aos nodos do Exemplo 5.1.

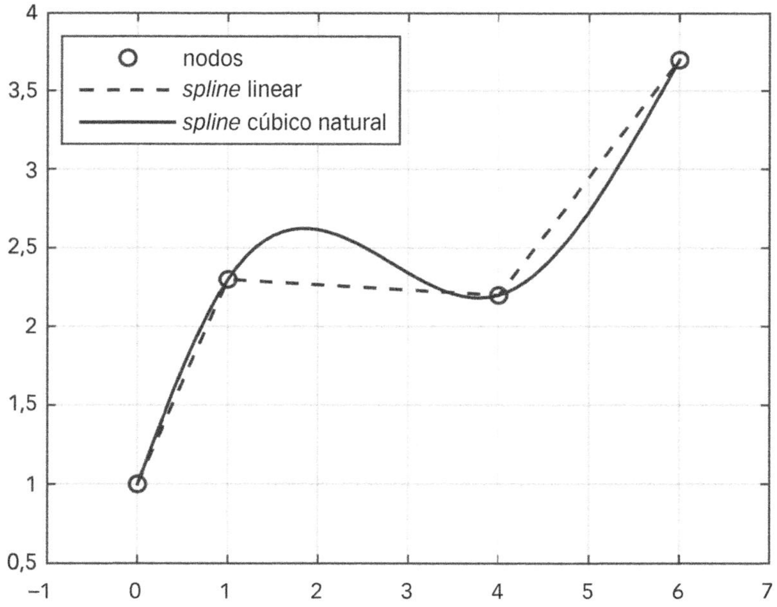


**FIGURA 5.4** Interpolação por *spline* linear e cúbico.

[4] O termo *spline* pode ser rastreado até o século 18, mas pelo final do século 19 foi utilizado para se referir a "[...] uma régua flexível de madeira ou borracha dura usada por desenhistas para projetar curvas interpoladoras grandes". Tais *splines* mecânicas foram usadas, por exemplo, para desenhar as curvas necessárias na fabricação de seções de cascos de navios. Pregos ou pesos eram colocados sobre a régua para forçá-la a passar por nodos determinados. A parte livre assume uma geometria tal que minimiza a energia potencial de flexão (Meijering, 2002).

Um *spline* cúbico é uma função definida por partes,

$$S(x) = \begin{cases} s_1(x), & x_1 \leq x < x_2 \\ s_2(x), & x_2 \leq x < x_3 \\ \vdots & \\ s_k(x), & x_k \leq x < x_{k+1} \\ \vdots & \\ s_{n-1}(x), & x_{n-1} \leq x < x_n \end{cases}, \tag{5.8}$$

De modo que, em cada intervalo $x_k \leq x < x_{k+1}$, é definido um polinômio cúbico

$$s_k(x) = a_k(x - x_k)^3 + b_k(x - x_k)^2 + c_k(x - x_k) + d_k. \tag{5.9}$$

As duas propriedades fundamentais da curva interpoladora $S$ são sua *continuidade* e sua *suavidade*. A condição de continuidade é estabelecida por

$$s_k(x_k) = y_k, \qquad k = 1, \ldots, n-1, \tag{5.10}$$

$$s_k(x_{k+1}) = y_{k+1}, \qquad k = 1, \ldots, n-1. \tag{5.11}$$

e a condição de suavidade é estabelecida por

$$s'_k(x_{k+1}) = s_{k+1}(x_{k+1}), \qquad k = 1, \ldots, n-2, \tag{5.12}$$

$$s''_k(x_{k+1}) = s_{k+1}(x_{k+1}), \qquad k = 1, \ldots, n-2. \tag{5.13}$$

Devemos encontrar, então, um conjunto de coeficientes $a_k$, $b_k$, $c_k$, $d_k$, tais que a função (5.9) satisfaça as condições (5.10 a 5.13).

### 5.4.1 Dedução dos coeficientes

Inicialmente, algumas definições úteis:

$$h_k = x_{k+1} - x_k, \tag{5.14}$$

$$p_k = \frac{y_{k+1} - y_k}{h_k} \tag{5.15}$$

e

$$m_k = s''_k(x_k). \tag{5.16}$$

O termo $h_k$ é a distância entre duas abscissas consecutivas, $p_k$ é a inclinação da reta que passa por dois nodos consecutivos e $m_k$ é a concavidade do *spline* interpolador em cada nodo.

A dedução dos coeficientes $a_k$, $b_k$, $c_k$ e $d_k$ inicia aplicando (5.10) em (5.9), obtendo

$$d_k = y_k, \qquad k = 1,\ldots,\ n-1, \tag{5.17}$$

Diferenciando (5.9), obtemos

$$s_k'(x) = 3a_k(x-x_k)^2 + 2b_k(x-x_k) + c_k, \tag{5.18}$$

$$s_k''(x) = 6a_k(x-x_k) + 2b_k. \tag{5.19}$$

Usando (5.16) e fazendo $x = x_k$ em (5.19) obtemos $m_k = 2b_k$. Assim

$$b_k = \frac{m_k}{2}, \qquad k=1,\ \ldots,\ n-1. \tag{5.20}$$

Aplicando a condição (5.13) em (5.19), obtemos

$$\begin{aligned} 6a_k(x_{k+1}-x_k) + 2b_k &= 6a_{k+1}(x_{k+1}-x_{k+1}) + 2b_{k+1} \\ 6a_k(x_{k+1}-x_k) + 2b_k &= 2b_{k+1} \end{aligned}$$

e usando (5.14) e (5.20), obtemos

$$6a_kh_k + m_k = m_{k+1},$$

portanto,

$$a_k = \frac{m_{k+1}-m_k}{6h_k}, \qquad k = 1,\ldots,\ n-1. \tag{5.21}$$

Agora, substituindo a equação (5.9) na condição (5.11), obtemos

$$\begin{aligned} a_k(x_{k+1}-x_k)^3 + b_k(x_{k+1}-x_k)^2 + c_k(x_{k+1}-x_k) + d_k &= y_{k+1} \\ a_kh^3{}_k + b_kh^2{}_k + c_kh_k + d_k &= y_{k+1} \end{aligned}$$

Substituindo-se $a_k$, $b_k$ e $d_k$ pelas expressões já determinadas, obtemos

$$\begin{aligned} \frac{m_{k+1}-m_k}{6h_k}h_k^3 + \frac{m_k}{2}h_k^2 + c_kh_k + y_k &= y_{k+1} \\ \frac{m_{k+1}-m_k}{6}h_k + \frac{m_k}{2}h_k + c_k &= \frac{y_{k+1}-y_k}{h_k} \\ c_k &= \frac{y_{k+1}-y_k}{h_k} - \frac{(2m_k+m_{k+1})h_k}{6}. \end{aligned}$$

Usando (5.15), obtemos

$$c_k = p_k - \frac{(2m_k+m_{k+1})h_k}{6}, \qquad k = 1,\ \ldots,\ n-1. \tag{5.22}$$

Observe que os coeficientes $a_k$, $b_k$, $c_k$ e $d_k$ são dados em termos de $y_k$, $h_k$, $p_k$ (conhecidos) e $m_k$ (desconhecido). Para determinar os valores de $m_k$, aplicamos a condição (5.12) em (5.18) e obtemos

$$s'_k(x_{k+1}) = s'_{k+1}(x_{k+1})$$
$$3a_k(x_{k+1} - x_k)^2 + 2b_k(x_{k+1} - x_k) + c_k = 3a_{k+1}(x_{k+1} - x_{k+1})^2 + 2b_{k+1}(x_{k+1} - x_{k+1}) + c_{k+1}$$
$$3a_k h^2{}_k + 2b_k h_k + c_k = c_{k+1}$$

Substituindo-se as expressões para $a_k$, $b_k$, $c_k$ e $c_{k+1}$, obtemos

$$3\frac{m_{k+1} - m_k}{6h_k}h_k^2 + 2\frac{m_k}{2}h_k + p_k - \frac{(2m_k + m_{k+1})h_k}{6} = p_{k+1} - \frac{(2m_{k+1} + m_{k+2})h_{k+1}}{6},$$

que após as devidas simplificações resulta em

$$h_k m_k + 2(h_k + h_{k+1})m_{k+1} + h_{k+1}m_{k+2} = 6(p_{k+1} - p_k), \quad k = 1, \ldots, n - 2 \quad (5.23)$$

A equação (5.23) representa um sistema linear *subdeterminado*, pois temos $n - 2$ equações e $n$ incógnitas $(m_1, \ldots, m_n)$. Para tornar o sistema linear *determinado*, devemos fixar duas condições extras, ditas *condições de contorno*. Há muitas maneiras de fixar as condições de contorno, cada uma delas levando a um *spline* distinto (ver Problema 5.23). Usando as condições de contorno

$$m_1 = 0 \quad \text{e} \quad m_n = 0,$$

do denominado *spline natural*, obtemos o sistema linear

$$\mathbf{Hm} = \mathbf{P}, \quad (5.24)$$

com

$$\mathbf{H} = \begin{bmatrix} 1 & 0 & 0 & \cdots & \cdots & \cdots & 0 \\ h_1 & 2(h_1 + h_2) & h_2 & 0 & \cdots & \cdots & 0 \\ 0 & h_2 & 2(h_2 + h_3) & h_3 & 0 & \cdots & 0 \\ \cdots & \cdots & \cdots & \cdots & \cdots & \cdots & \cdots \\ 0 & \cdots & 0 & h_{n-3} & 2(h_{n-3} + h_{n-2}) & h_{n-2} & 0 \\ 0 & \cdots & \cdots & 0 & h_{n-2} & 2(h_{n-2} + h_{n-1}) & h_{n-1} \\ 0 & \cdots & \cdots & \cdots & 0 & 0 & 1 \end{bmatrix},$$

$$\mathbf{m} = \begin{bmatrix} m_1 \\ m_2 \\ m_3 \\ \vdots \\ m_{n-2} \\ m_{n-1} \\ m_n \end{bmatrix}, \quad \mathbf{P} = \begin{bmatrix} 0 \\ 6(p_2 - p_1) \\ 6(p_3 - p_2) \\ \vdots \\ 6(p_{n-2} - p_{n-3}) \\ 6(p_{n-1} - p_{n-2}) \\ 0 \end{bmatrix}.$$

## 5.4.2 Determinação do *spline*

Para a obtenção dos coeficientes do *spline* deve-se encontrar, inicialmente, $h_k$ e $p_k$. Para tal, usa-se as equações (5.14) e (5.15).

Com estes resultados, é possível construir a matriz **H** e o vetor **P** e resolver o sistema linear (5.24) para encontrar os valores de $m_k$. Observe que a matriz **H** é diagonal dominante e pode ser resolvida, de maneira eficiente, pelo método de Gauss-Seidel.

Por fim, por meio das equações (5.21), (5.20), (5.22) e (5.17), encontra-se $a_k$, $b_k$, $c_k$ e $d_k$.

**EXEMPLO 5.3** *Encontre o spline cúbico que interpola os nodos dados no Exemplo 5.1. Em seguida, use o spline obtido para estimar o valor de* $v = f(5)$.

**SOLUÇÃO** Usando (5.14) e (5.15) encontramos os valores de $h_k$ e $p_k$:

| $k$ | $h_k$ | $p_k$ |
|---|---|---|
| 1 | 1,0 | 1,3000 |
| 2 | 3,0 | −0,0333 |
| 3 | 2,0 | 0,7500 |

Em seguida, determinamos a matriz **H** e o vetor **P**:

$$\mathbf{H} = \begin{bmatrix} 1 & 0 & 0 & 0 \\ 1 & 8 & 3 & 0 \\ 0 & 3 & 10 & 2 \\ 0 & 0 & 0 & 1 \end{bmatrix}, \quad \mathbf{P} = \begin{bmatrix} 0{,}00 \\ -8{,}00 \\ 4{,}70 \\ 0{,}00 \end{bmatrix}$$

Resolvendo o sistema linear $\mathbf{Hm} = \mathbf{P}$, obtemos:

$$\mathbf{m} = \begin{bmatrix} 0{,}0000 \\ -1{,}3254 \\ 0{,}8676 \\ 0{,}0000 \end{bmatrix},$$

isto é,

$$m_1 = 0{,}0000;\ m_2 = -1{,}3254;\ m_3 = 0{,}8676 \text{ e } m_4 = 0{,}0000.$$

Determinamos, em seguida, os valores de $a_k$, $b_k$, $c_k$ e $d_k$:

| $k$ | $a_k$ | $b_k$ | $c_k$ | $d_k$ |
|---|---|---|---|---|
| 1 | −0,2209 | 0,0000 | 1,5209 | 1,0000 |
| 2 | 0,1218 | −0,6627 | 0,8582 | 2,3000 |
| 3 | −0,0723 | 0,4338 | 0,1716 | 2,2000 |

Portanto, o *spline* interpolador é dado por $S(x)=$

$$\begin{cases} -0{,}2209(x-0)^3+0{,}0000(x-0)^2+1{,}5209(x-0)+1{,}0000, & 0\le x\le 1 \\ 0{,}1218(x-1)^3-0{,}6627(x-1)^2+0{,}8582(x-1)+2{,}3000, & 1\le x\le 4 \\ -0{,}0723(x-4)^3+0{,}4338(x-4)^2+0{,}1716(x-4)+2{,}2000, & 4\le x\le 6 \end{cases}, \quad (5.25)$$

e seu gráfico é mostrado na Figura 5.4.

Para estimar o valor de $v = f(5)$, notamos que $u = 5$ pertence ao terceiro intervalo, portanto

$$\begin{aligned} v &\approx -0{,}0723(5-4)^3 + 0{,}4338(5-4)^2 + 0{,}1716(5-4) + 2{,}2000 \\ &\approx 2{,}7331 \end{aligned}$$

---

O algoritmo CoefSpline3 determina os coeficientes do *spline* cúbico (natural) interpolador a partir do conjunto de nodos **x** e **y**.

**Algoritmo 15** CoefSpline3

**entrada** : **x**, **y**
**saída** : **C**
*Determinação de* **h** *e* **p**
$n \leftarrow$ tamanho de **x**
**h** $\leftarrow$ Zeros$(n-1, 1)$
**p** $\leftarrow$ Zeros$(n-1, 1)$
**para** $k \leftarrow 1 : n-1$
  $h_k \leftarrow x_{k+1} - x_k$
  $p_k \leftarrow (y_{k+1} - y_k)/h_k$
**fim**
*Determinação de* **H**, **P** *e* **m**
**H** $\leftarrow$ Zeros$(n, n)$
**P** $\leftarrow$ Zeros$(n, 1)$
$H_{1,1} \leftarrow 1$
$P_1 \leftarrow 0$
**para** $k \leftarrow 2 : n-1$
  $H_{k,\,k-1} \leftarrow h_{k-1}$
  $H_{k,\,k} \leftarrow 2(h_{k-1} + h_k)$
  $H_{k,\,k+1} \leftarrow h_k$
  $P_k \leftarrow 6(p_k - p_{k-1})$
**fim**

18:    $H_{n,n} \leftarrow 1$
19:    $P_n \leftarrow 0$
20:    $\mathbf{m} \leftarrow \text{SLGAUSSSEIDEL}(\mathbf{H}, \mathbf{P}, 0.5 \times 10^{-12}, 100)$
      *Determinação dos coeficientes*
21:    $\mathbf{C} \leftarrow \text{ZEROS}(n-1,4)$
22:    **para** $k \leftarrow 1 : n-1$
23:       $C_{k,1} \leftarrow (m_{k+1} - m_k)/(6h_k)$
24:       $C_{k,2} \leftarrow m_k/2$
25:       $C_{k,3} \leftarrow p_k - ((2m_k + m_{k+1})\,h_k)/6$
26:       $C_{k,4} \leftarrow y_k$
27:    **fim**

O algoritmo ISPLINE3 determina as ordenadas **v** para um conjunto de valores **u** usando a interpolação por *spline* cúbico natural a um conjunto de nodos **x** e **y**.

**Algoritmo 16** ISPLINE3

    **entrada** : **x**, **y**, **u**
    **saída** : **v**
    *Determina coeficientes*
1:    $\mathbf{C} \leftarrow \text{COEFSPLINE3}(\mathbf{x}, \mathbf{y})$
    *Interpolação*
2:    $n \leftarrow$ tamanho de **x**
3:    $r \leftarrow$ tamanho de **u**
4:    $\mathbf{v} \leftarrow \text{ZEROS}(r, 1)$
5:    **para** $i \leftarrow 1 : r$
      *Determina intervalo*
6:       $k \leftarrow 1$
7:       **enquanto** $u_i > x_{k+1}$ **e** $k < n-1$
8:          $k \leftarrow k+1$
9:       **fim**
      *Determina ordenada*
10:      $t \leftarrow u_i - x_k$
11:      $v_i \leftarrow ((C_{k,1}t + C_{k,2})t + C_{k,3})t + C_{k,4}$
12:    **fim**

**Usando o MATLAB** A interpolação por *spline* pode ser feita com o comando `spline`:

```
>> x = [0; 1; 4; 6];
>> y = [1.0; 2.3; 2.2; 3.7];
>> u = 5;
>> v = spline(x, y, u)
v =
    2.4667
```

Esse comando retorna os valores $v_i = S(u_i)$ para o conjunto de nodos $x$ e $y$. Os valores calculados pelo MATLAB *diferem* dos calculados pelo algoritmo ISPLINE3, pois as *condições de contorno* são diferentes. O comando `spline` usa, por padrão, as condições de contorno denominadas *not-a-knot* (nenhum-nó) que impõe restrições de continuidade também a $S'''(x)$ em $x_2$ e $x_{n-1}$ (Burden; Faires, 2008). Para conjuntos de 3 ou 4 nodos, os valores do *spline* interpolador coincidem com o do polinômio interpolador. Outros tipos de interpolação estão disponíveis no *Spline Toolbox*.

**Observações** Em relação à equação (5.8), é possível dizer que:

1. Poderíamos, abusando da notação, escrever $x_k \leq x \leq x_{k+1}$, uma vez que a função *spline* é contínua nos nodos.
2. Embora seja incomum, a função *spline* poderia ser calculada fora do intervalo $[x_1, x_n]$ estabelecido pelos nodos.

## 5.5 Problemas

### Método de Vandermonde

*Use o método de Vandermonde e determine o polinômio interpolador aos nodos dados nos Problemas 5.1 e 5.2.*

**5.1.** ✎

| $x$ | 0 | 2 | 3 |
|---|---|---|---|
| $y$ | 2 | 4 | 2 |

**5.2.** ✎

| $x$ | −1 | 1 | 2 |
|---|---|---|---|
| $y$ | 7 | −1 | 1 |

**5.3.** ☞ Implemente os algoritmos MVANDER (p. 22), SLGAUSS (p. 61) e VPOL (p. 21) na sua linguagem preferida. Em seguida, una todos em um só algoritmo `[c, v] = IVander(x, y, u)`. Para verificar a correção da implementação, refaça o Exemplo 5.1.

**5.4.** A tabela a seguir fornece alguns valores da função *Erro Complementar* Erfc($x$). (a) Determine o polinômio interpolador ao conjunto de nodos dados. (b) Estime o valor de Erfc(0,5). (c) Compare o valor estimado com o valor exato (use o comando `erfc` do MATLAB).

| $x$ | Erfc($x$) |
|---|---|
| 0,0 | 1,0000 |
| 0,2 | 0,7773 |
| 0,4 | 0,5716 |
| 0,6 | 0,3961 |
| 0,8 | 0,2579 |
| 1,0 | 0,1573 |

**5.5.** Use o método de Vandermonde e determine o polinômio interpolador aos nodos dados a seguir.

| $x$ | −1 | 0 | 2 | 4 | 7 |
|---|---|---|---|---|---|
| $y$ | 0 | 3 | 3 | −5 | −32 |

O polinômio deveria ter grau 5 − 1 = 4, não? O que aconteceu? Desenhe em uma mesma figura os nodos e o polinômio interpolador.

## Método de Lagrange

**5.6.** ✎ Use o método de Lagrange com 2 e 4 nodos para interpolar o valor $v = f(12)$ aos nodos dados a seguir. Use as equações (5.6) e (5.7).

| $x$ | 0 | 5 | 35 | 41 | 81 | 89 |
|---|---|---|---|---|---|---|
| $y$ | 13 | 15 | 19 | 20 | 27 | 60 |

**5.7.** ✎ A tabela a seguir mostra a população brasileira $p$, em milhões de habitantes, levantada em censos demográficos (Instituto Brasileiro de Geografia e Estatística, 2010a). Use o método de Lagrange com 2 e 4 nodos para estimar a população do Brasil no ano do seu nascimento.

| $t$ (anos) | $p$ ($10^6$ hab.) |
|---|---|
| 1950 | 51,9 |
| 1960 | 71,0 |
| 1970 | 94,5 |
| 1980 | 121,1 |
| 1991 | 146,9 |
| 2000 | 169,6 |
| 2010 | 190,8 |

**5.8.** ✎ Reconsidere a equação (5.6). Mostre que se $u = \frac{1}{2}(x_1 + x_2)$ então

$$v_2 = \frac{y_1 + y_2}{2}.$$

**5.9.** ✎ Reconsidere a equação (5.7). Mostre que se $x_1$, $x_2$, $x_3$ e $x_4$ são igualmente espaçados e $u = \frac{1}{2}(x_2 + x_3)$, então

$$v_4 = \frac{-y_1 + 9y_2 + 9y_3 - y_4}{16}.$$

**5.10.** ✎ Use as fórmulas dos Problemas 5.8 e 5.9 para estimar Erfc(0,5) usando os nodos dados no Problema 5.4.

**5.11.** ☞ Implemente o algoritmo ILAGRANGE na sua linguagem preferida. Para verificar a correção da implementação, refaça o Exemplo 5.2.

**5.12.** A tabela a seguir fornece alguns valores da função $f(x) = \sqrt{x}$.

| $x$ | 1 | 4 | 9 | 16 | 25 | 36 | 49 | 64 | 81 | 100 |
|---|---|---|---|---|---|---|---|---|---|---|
| $f(x)$ | 1 | 2 | 3 | 4 | 5 | 6 | 7 | 8 | 9 | 10 |

Use o método de Lagrange com 2, 4 e 6 nodos simétricos para estimar o valor de $\sqrt{53}$. Compare os resultados com o valor exato dado pelo comando `sqrt(53)` do MATLAB.

**5.13.** A tabela a seguir fornece alguns valores da função de *Bessel de primeira ordem*, $J_0(x)$.

| $k$ | $x_k$ | $J_0(x_k)$ |
|---|---|---|
| 1 | 0,0 | 1,0000 |
| 2 | 0,5 | 0,9385 |
| 3 | 1,0 | 0,7652 |
| 4 | 1,5 | 0,5118 |
| 5 | 2,0 | 0,2239 |
| 6 | 2,5 | −0,0484 |
| 7 | 3,0 | −0,2601 |
| 8 | 3,5 | −0,3801 |
| 9 | 4,0 | −0,3971 |

(a) Calcule $v_2$, $v_4$ e $v_6$, os valores do polinômio interpolador com 2, 4 e 6 nodos de interpolação *simétricos* a 1,75, isto é, calculados em $\{x_4, x_5\}$, $\{x_3, x_4, x_5, x_6\}$ e $\{x_2, x_3, x_4, x_5, x_6, x_7\}$. Determine os erros relativos entre esses valores aproximados e o valor exato de $J_0(1{,}75)$.

(b) Calcule $w_2$, $w_4$ e $w_6$, os valores do polinômio interpolador com 2, 4 e 6 nodos de interpolação *não simétricos* a 1,75, isto é, calculados em $\{x_4, x_5\}$, $\{x_4, x_5, x_6, x_7\}$ e $\{x_4, x_5, x_6, x_7, x_8, x_9\}$. Determine os erros relativos entre esses valores aproximados e o valor exato de $J_0(1{,}75)$.

(c) O que se pode concluir a respeito do efeito da simetria dos nodos de interpolação?

## Método do *spline* cúbico

**5.14.** ✎ Aplicando a técnica de interpolação por *spline* aos valores da tabela

| $x$ | 2 | 3 | 5 | 7 |
|---|---|---|---|---|
| $y$ | 2 | 5 | 6 | 8 |

obtemos os seguintes coeficientes (aproximados)

$$\begin{array}{llll} a_1 = -0{,}48 & b_1 = 0{,}00 & c_1 = 3{,}48 & d_1 = 2{,}00 \\ a_2 = 0{,}33 & b_2 = -1{,}43 & c_2 = 2{,}05 & d_2 = 5{,}00 \\ a_3 = -0{,}09 & b_3 = 0{,}55 & c_3 = 0{,}27 & d_3 = 6{,}00 \end{array}$$

(a) Escreva a expressão algébrica do *spline*.

(b) Determine os valores de $S(2, 5)$ e $S(6, 0)$.

**5.15.** ✎ Um *spline* cúbico natural interpolador aos nodos $x = \{1, 2, 3\}$ é dado por

$$S(x) = \begin{cases} -(x-1)^3 + 2(x-1) + 1, & 1 \le x \le 2 \\ a(x-2)^3 + b(x-2)^2 + c(x-2) + d, & 2 \le x \le 3 \end{cases}$$

Utilize as propriedades de continuidade, suavidade e condições de contorno do *spline* e encontre os valores de $a$, $b$, $c$ e $d$.

**5.16.** ✎ Considere a tabela de valores a seguir:

| $x$ | 1 | 2 | 4 | 6 |
|---|---|---|---|---|
| $y$ | 2 | 3 | 7 | 5 |

A partir dos dados, determine a matriz **H** e o vetor **P** do método do *spline cúbico*. Não é necessário *resolver* o sistema.

**5.17.** ✎ Reconsidere o Problema 5.16. A solução do sistema $\mathbf{Hm} = \mathbf{P}$ é

$$\mathbf{m} = \begin{bmatrix} 0{,}00 \\ 1{,}91 \\ -2{,}73 \\ 0{,}00 \end{bmatrix}.$$

Encontre a expressão algébrica do *spline* interpolador.

**5.18.** ☞ Implemente os algoritmos CoefSpline3 e ISpline3 na sua linguagem preferida. Para verificar a correção da implementação, refaça o Exemplo 5.3.

**5.19.** A tabela de valores a seguir mostra a emissão de luz $E$ (em lúmens) em função da potência $P$ (em watts) fornecida a uma lâmpada incandescente comum (General Electric do Brasil Ltda, 2012):

| $P(W)$ | 51 | 55 | 58 | 60 |
|---|---|---|---|---|
| $E(lm)$ | 607 | 704 | 795 | 864 |

(a) Encontre o *spline* interpolador ao conjunto de dados.

(b) Determine a emissão de luz esperada para à potência de 57 W.

**5.20.** Os nodos tabelados no Exemplo 5.1 referem-se à função

$$f(x) = 1 + \frac{1}{2}x + \text{sen}(x).$$

As expressões para o polinômio interpolador $p(x)$ e para o *spline* interpolador $S(x)$ foram dadas nas equações (5.4) e (5.25), respectivamente. Desenhe, na mesma figura, os gráficos das funções erro $E_p(x) = p(x) - f(x)$ e $E_S(x) = S(x) - f(x)$.

## Tópicos diversos

**5.21.** A tabela a seguir, adaptada de Burden e Faires (2008), mostra o peso $w$ (em mg) de uma colônia de larvas da mariposa *Operophtera Bromata L. Geometridae* cultivadas em uma estufa em função do tempo $t$ (em dias).

| $t$ (dias) | $w$ (mg) |
|---|---|
| 0 | 6,67 |
| 6 | 17,33 |
| 10 | 42,67 |
| 13 | 37,33 |
| 17 | 30,10 |
| 20 | 29,31 |
| 28 | 28,74 |

(a) Desenhe o gráfico dos nodos de interpolação juntamente com o *polinômio* interpolador e o *spline* interpolador. Qual curva apresenta comportamento mais plausível?

(b) Encontre o peso máximo da colônia determinando o ponto de máximo do *spline* interpolador.

**5.22.** Uma das justificativas da preferência do método de Lagrange sobre o de Vandermonde é a quantidade *menor* de operações aritméticas. Verifique isso fazendo o seguinte: (a) Modifique os algoritmos envolvidos para incluir *contadores* de operações aritméticas elementares (+, −, ×, ÷). (b) Gere conjuntos de nodos aleatórios de tamanho $n$ = 5,..., 30 e determine o *número* de operações efetuadas para resolver *cada* problema com *cada* método. (c) Faça um gráfico do número de operações em função do tamanho dos conjuntos de dados. Sugestão: Use os resultados obtidos nos Problemas 1.35 e 4.10.

**5.23.** ✎ Além das condições de contorno do *spline* cúbico *natural*, outras condições possíveis são as do *spline* cúbico *restrito* que fixa as inclinações do *spline* no primeiro e no último nodo:

$$\begin{cases} s_1'(x_1) &= E \\ s_{n-1}'(x_n) &= D \end{cases}$$

Mostre que as condições acima levam a

$$\begin{cases} 2h_1m_1 + h_1m_2 &= 6(p_1 - E) \\ h_{n-1}m_{n-1} + 2h_{n-1}m_n &= 6(D - p_{n-1}) \end{cases}$$

**5.24.** Modifique o algoritmo COEFSPLINE3 para utilizar as condições de contorno do *spline cúbico restrito* mostradas no problema anterior. Desenhe o *spline* interpolador aos nodos dados no Problema 5.21 com $E = 0{,}5$ e $D = 0{,}0$.

**5.25.** ✎ Além das condições de contorno *spline* cúbico *natural*, outras condições de contorno possíveis são as do *spline* cúbico *periódico* em que, além da igualdade $y_1 = y_n$, fixa também:

$$\begin{cases} s_1'(x_1) &= s_{n-1}'(x_n) \\ s_1''(x_1) &= s_{n-1}''(x_n) \end{cases}$$

Mostre que as condições acima levam a

$$\begin{cases} 2h_1m_1 + h_1m_2 + h_{n-1}m_{n-1} + 2h_{n-1}m_n &= 6(p_1 - p_{n-1}) \\ m_1 - m_n &= 0 \end{cases}$$

**5.26.** Modifique o algoritmo CoefSpline3 para utilizar as condições de contorno do *spline cúbico periódico* mostradas no problema anterior. *Atenção*: Use SLGauss para resolver o sistema linear **Hm** = **P** pois, agora, a matriz **H** *não* é mais diagonal-dominante. Determine o *spline* interpolador aos nodos:

| $x$ | 0 | $\frac{\pi}{2}$ | $\pi$ | $\frac{3\pi}{2}$ | $2\pi$ |
|---|---|---|---|---|---|
| $y$ | 0 | 1 | 0 | -1 | 0 |

Desenhe, no mesmo sistema de coordenadas, os nodos de interpolação, o *spline* periódico e a função $g(x) = \text{sen}(x)$.

**5.27.** A tabela seguinte é usada para determinar a expectativa de vida de homens e mulheres brasileiros a partir da sua idade no ano-base de 2010 (Instituto Brasileiro de Geografia e Estatística, 2010b). Por exemplo, uma mulher que tinha 20 anos de idade em 2010, poderia esperar viver *mais* 59,29 anos, isto é, sua expectativa de vida é de 79,29 anos. Para idades intermediárias, deve-se interpolar os valores.

| Idade | Homem | Mulher |
|---|---|---|
| 0 | 69,73 | 77,32 |
| 5 | 66,88 | 74,01 |
| 10 | 62,00 | 69,09 |
| 15 | 57,12 | 64,16 |
| 20 | 52,55 | 59,29 |
| 25 | 48,19 | 54,46 |
| 30 | 43,81 | 49,66 |
| 35 | 39,45 | 44,90 |
| 40 | 35,15 | 40,22 |
| 45 | 30,97 | 35,66 |
| 50 | 26,97 | 31,25 |
| 55 | 23,16 | 27,00 |
| 60 | 19,63 | 22,97 |
| 65 | 16,37 | 19,19 |
| 70 | 13,43 | 15,71 |
| 75 | 10,96 | 12,63 |
| 80 | 9,01 | 10,06 |

(a) Determine a expectativa de vida de um *homem* que tinha 22 anos em 2010.

(b) Determine a expectativa de vida de uma *mulher* que tinha 48 anos em 2010.

(c) Determine a *sua* expectativa de vida.

**5.28.** O método de Vandermonde pode tornar-se instável quando o sistema linear envolvido torna-se muito grande ou quando a matriz de coeficientes possui valores muito discrepantes entre si. Nesses casos, o método de Lagrange é recomendado. Para verificar isso faça o seguinte:

(a) Reconsidere os dados mostrados no Problema 5.7. Use *todos* os nodos e o método de Vandermonde para encontrar $p_V$, a população brasileira na sua *data de nascimento.* (Se você nasceu em um ano correspondente a um nodo, use um valor intermediário.)

(b) Repita o procedimento usando o método de Lagrange e encontre $p_L$.

(c) Determine a diferença relativa entre $p_V$ e $p_L$. Quantos são os DSE?

(d) Uma maneira de evitar essa diferença de valores consiste em redimensionar os valores das abscissas dos nodos. Repita os itens anteriores usando $t' = \frac{t-1950}{10}$. Os valores de $p_V$ e $p_L$ ficam mais próximos? Quanto?

**5.29.** A interpolação *inversa* consiste em determinar um valor de $u$ *no* eixo da abscissas a partir de um valor de $v$ *no* eixo das ordenadas. Se a função é inversível (monotônica, por exemplo), o processo é o mesmo da interpolação de Lagrange convencional apenas trocando os nodos de interpolação $x$ *por* $y$. Use essa técnica com 2, 4 e 6 nodos simétricos e determine estimativas para o *zero* da função dada no Problema 5.13.

CAPÍTULO 6

# Ajuste de funções

## 6.1 Definição do problema

Considere um conjunto de $n$ **nodos** $(x_1, y_1), (x_2, y_2),\ldots, (x_n, y_n)$ e uma **função de ajuste** $f_{\boldsymbol{\beta}} : \mathbb{R} \longrightarrow \mathbb{R}$ determinada por um conjunto de parâmetros $\beta = \{\beta_0, \beta_1,\ldots, \beta_m\}$. O problema do *ajuste de funções* consiste em determinar os valores dos parâmetros $\beta$ que fazem com que a curva definida pela função de ajuste $f$ passe "o mais perto possível" dos nodos. Por exemplo, desejamos determinar os valores $\beta_0$, $\beta_1$ e $\beta_2$ que fazem com que a curva dada pela função $f(x)= \beta_2 x^2+ \beta_1 x + \beta_0$ (uma parábola) passe "o mais perto possível" de um conjunto de 20 nodos como mostra a Figura 6.1. O problema do *ajuste de funções* também é denominado *ajuste de curvas* ou simplesmente *ajuste*.

A motivação para esse problema geralmente provém da *análise de observações experimentais* na qual desejamos ajustar uma curva teórica a dados experimentais (observados) que, devido a erros de medida e a perturbações externas, oscilam em torno de valores previstos (esperados). O método de ajuste mais popular, denominado *método dos quadrados mínimos*, foi pioneiramente desenvolvido por Legendre[1] e Gauss[2].

A função de ajuste obtida pode ser usada para estimar valores *fora* do intervalo de dados, isto é, pode ser usada para *extrapolação* de dados. Observe que, em geral, a função de *interpolação* estudada no Capítulo 5 não pode ser usada desta maneira.

Em princípio, qualquer função pode ser ajustada a um conjunto de dados. No entanto, a abordagem usada neste capítulo é adequada para dois tipos de ajuste. No ajuste polinomial, $f_\beta(x) = \beta_m x^m + \beta_{m-1} x^{m-1} + \cdots + \beta_2 x^2 + \beta_1 x + \beta_0$, a função de ajuste é um polinômio de ordem (grau máximo) $m$. No ajuste exponencial, $f_{a,b}(x) = ae^{bx}$, a função de ajuste não é polinomial, mas *pode* ser transformada em uma função polinomial, de ordem 1. Por exemplo, a Figura 6.5 mostra uma função polinomial (de grau 2) e uma função exponencial ajustadas a um conjunto de dados. A fim de simplificar a notação, os subscritos de $f$ serão omitidos daqui em diante.

---

[1] Adrien-Marie Legendre (1752s - 1833), matemático francês. Uma de suas maiores contribuições à matemática foi o desenvolvimento da teoria das integrais elípticas, em 1794, que forneceu um prova da irracionalidade do número $\pi^2$. O método dos mínimos quadrados foi publicado em seu *Nouvelles methodes pour la determination des orbites des cometes* de 1805, porém sem uma prova formal. As primeiras provas formais do método são devidas a Adrain (em 1808) e Gauss (em 1809) (Merriman, 1877; O'Connor; Robertson, 2015).

[2] Ver nota biográfica na p. 58.

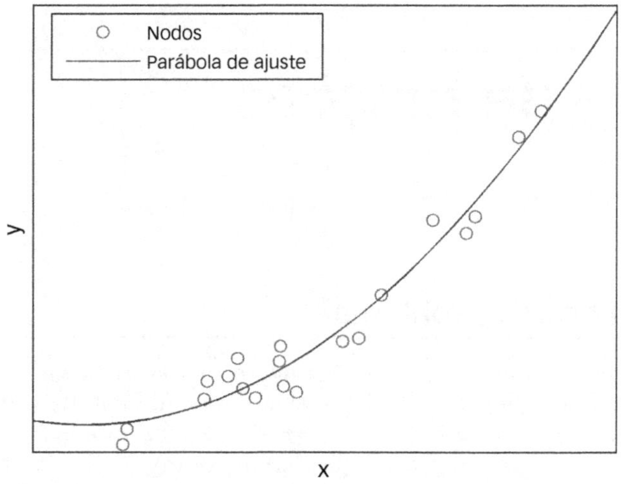


**FIGURA 6.1** Uma curva de ajuste a um conjunto de nodos.

## 6.2 Resíduo quadrático

Como determinar se uma curva passa "o mais perto possível" de um conjunto de nodos? Ou, em outras palavras, como medir a *qualidade* de um ajuste? A maneira mais comum de medir a "distância" entre a função de ajuste $f$ e os nodos $(x_i, y_i)$ é denominada **resíduo quadrático** e é definida por

$$S_{QE} = \sum_{i=1}^{n} [y_i - f(x_i)]^2 .$$

O resíduo quadrático é uma medida que leva em consideração as *diferenças* entre as ordenadas $y_i$ dos nodos e as ordenadas $f(x_i)$ da função de ajuste. Quanto mais próximo de zero for o valor de $S_{QE}$, melhor o ajuste. Por essa definição, uma função *interpoladora* (como visto no Capítulo 5) tem resíduo quadrático zero. A notação $S_{QE}$, proveniente de *soma quadrática de erros*, é de uso comum na estatística, área na qual o ajuste de funções, também denominado *regressão*, é um procedimento base para diversas técnicas de análise.

**EXEMPLO 6.1** *Considere os nodos dados pela tabela a seguir:*

| $i$ | $x_i$ | $y_i$ |
|---|---|---|
| 1 | 0,5 | 4,4 |
| 2 | 2,8 | 1,8 |
| 3 | 4,2 | 1,0 |
| 4 | 6,7 | 0,4 |
| 5 | 8,3 | 0,2 |

*Determine o resíduo quadrático da função de ajuste (provisória) dada por*

$$f(x) = -0{,}25x + 2{,}5 \tag{6.1}$$

*aos nodos.*

**SOLUÇÃO** Para $i = 1, \ldots, 5$ calculamos as ordenadas $f(x_i)$ dos pontos ajustados, as diferenças $y_i - f(x_i)$ e as diferenças quadráticas $[y_i - f(x_i)]^2$. Esses valores são mostrados na tabela a seguir.

| $i$ | $x_i$ | $y_i$ | $f(x_i)$ | $y_i - f(x_i)$ | $[y_i - f(x_i)]^2$ |
|---|---|---|---|---|---|
| 1 | 0,5 | 4,4 | 2,375 | 2,025 | 4,1006 |
| 2 | 2,8 | 1,8 | 1,800 | 0,000 | 0,0000 |
| 3 | 4,2 | 1,0 | 1,450 | –0.450 | 0,2025 |
| 4 | 6,7 | 0,4 | 0,825 | –0.425 | 0,1806 |
| 5 | 8,3 | 0,2 | 0,425 | –0.225 | 0,0506 |

Em seguida, determinamos o resíduo quadrático

$$\begin{aligned} S_{QE} &= 4{,}1006 + 0{,}0000 + 0{,}2025 + 0{,}1806 + 0{,}0506 \\ &= 4{,}5344. \end{aligned}$$

A Figura 6.2 mostra os nodos e a reta determinados por $f$.

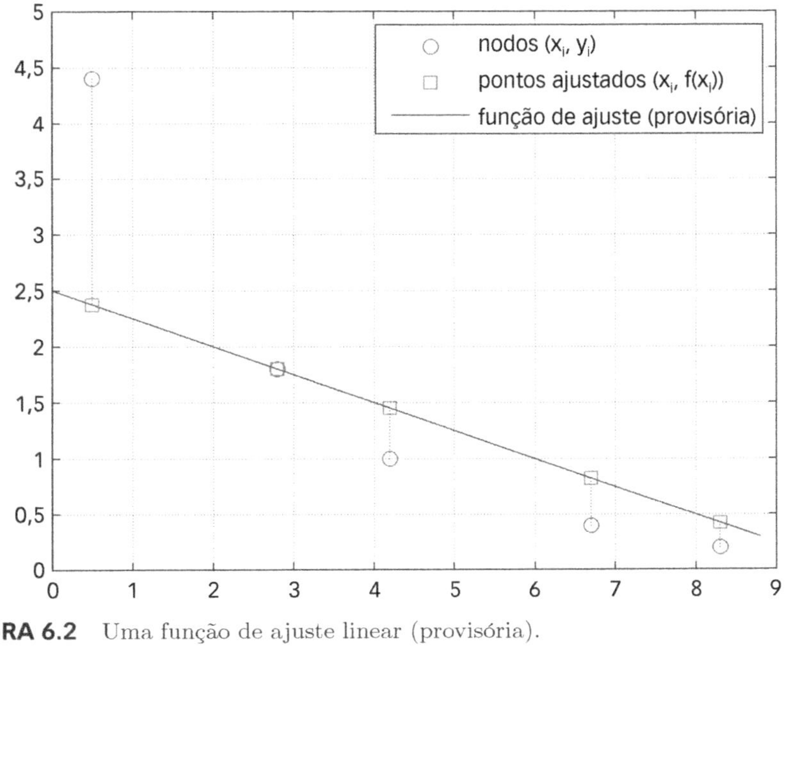


**FIGURA 6.2** Uma função de ajuste linear (provisória).

Naturalmente, infinitas retas distintas podem ser traçadas passando por entre os nodos. A função dada por (6.1), obtida "a olho", é apenas uma entre todas (daí o título de provisória). O *problema do ajuste* é determinar qual é a função que *melhor* se ajusta aos nodos, isto é, que possui resíduo quadrático *mínimo*.

## 6.3 Ajuste polinomial

O ajuste polinomial consiste em determinar um polinômio de ajuste

$$f(x) = \beta_m x^m + \beta_{m-1} x^{m-1} + \cdots + \beta_2 x^2 + \beta_1 x + \beta_0, \tag{6.2}$$

(de ordem $m$, com $m + 1$ coeficientes) cujo resíduo quadrático é mínimo.

Inicialmente, supomos ser possível que $f$ passe por sobre todos os nodos, isto é,

$$f(x_1) = y_1, \quad f(x_2) = y_2, \quad \ldots, \quad f(x_n) = y_n. \tag{6.3}$$

De (6.2) e (6.3), obtemos o sistema linear

$$\left\{\begin{array}{lclclclclclcl} f(x_1) & = & \beta_m x_1^m & + & \cdots & + & \beta_2 x_1^2 & + & \beta_1 x_1 & + & \beta_0 & = & y_1 \\ f(x_2) & = & \beta_m x_2^m & + & \cdots & + & \beta_2 x_2^2 & + & \beta_1 x_2 & + & \beta_0 & = & y_2 \\ \vdots & & \vdots & & & & \vdots & & \vdots & & \vdots & & \vdots \\ f(x_n) & = & \beta_m x_n^m & + & \cdots & + & \beta_2 x_n^2 & + & \beta_1 x_n & + & \beta_0 & = & y_n \end{array}\right. \tag{6.4}$$

de $n$ equações e $m + 1$ incógnitas $\beta_m, \ldots, \beta_2, \beta_1, \beta_0$.

O sistema linear (6.4) pode ser escrito na forma matricial

$$\mathbf{X}\boldsymbol{\beta} = \mathbf{y}, \tag{6.5}$$

fazendo

$$\mathbf{X} = \begin{bmatrix} x_1^m & \cdots & x_1^2 & x_1 & 1 \\ x_2^m & \cdots & x_2^2 & x_2 & 1 \\ \vdots & & \vdots & \vdots & \vdots \\ x_n^m & \cdots & x_n^2 & x_n & 1 \end{bmatrix}, \boldsymbol{\beta} = \begin{bmatrix} \beta_m \\ \vdots \\ \beta_2 \\ \beta_1 \\ \beta_0 \end{bmatrix}, \mathbf{y} = \begin{bmatrix} y_1 \\ y_2 \\ \vdots \\ y_n \end{bmatrix},$$

onde $\mathbf{X}$ é denominada **matriz de planejamento**. Observe que, nesse caso, ela toma a forma de uma matriz de Vandermonde de ordem $n \times (m + 1)$.

Entretanto, ao contrário do sistema linear (5.3) (visto no Capítulo 5) que *sempre* tem solução, o sistema linear (6.5) pode não ter solução, uma vez que, em geral, $m << n$ e os $n$ nodos *não* estão alinhados sobre uma curva polinomial de $m$.

Como obter, então, o polinômio de ajuste de resíduo quadrático mínimo?

### 6.3.1 Um pouco de álgebra linear

Da álgebra linear, sabemos que um sistema linear

$$\mathbf{Ax} = \mathbf{b}, \tag{6.6}$$

com $\mathbf{A} \in \mathbb{R}^{m \times n}$, tem solução se e somente se $\mathbf{b} \in \mathbb{R}^m$ for uma *combinação linear* dos $n$ vetores coluna $\mathbf{a}_1, \ldots, \mathbf{a}_n$ da matriz $\mathbf{A}$,

$$x_1\mathbf{a}_1 + x_2\mathbf{a}_2 + \cdots + x_n\mathbf{a}_n = \mathbf{b},$$

sendo as $n$ componentes de $\mathbf{x}$ os *pesos* dessa combinação. Isso é equivalente a dizer que o sistema linear tem solução se o vetor $\mathbf{b}$ pertence ao espaço coluna de $\mathbf{A}$, Col ($\mathbf{A}$).

Se $\mathbf{b} \notin$ Col ($\mathbf{A}$), o sistema linear (6.6) *não* tem solução (clássica) Podemos, no entanto, determinar uma *pseudossolução* $\mathbf{x}^*$ tal que $\mathbf{Ax}^* = \mathbf{b}^*$, sendo $\mathbf{b}^*$ o vetor no espaço coluna de $\mathbf{A}$ que *está mais próximo* de $\mathbf{b}$.

Pode-se mostrar (Lay, 2012) que a distância entre $\mathbf{b}^*$ e $\mathbf{b}$ será *mínima* quando $\mathbf{b}^*$ for a *projeção ortogonal de* $\mathbf{b}$ sobre Col ($\mathbf{A}$) (como mostra a Figura 6 3). Para isso, é necessário que o vetor ($\mathbf{b}^* - \mathbf{b}$) seja ortogonal a *cada* $\mathbf{a}_k$ (os vetores-coluna de $\mathbf{A}$). Lembrando de que dois vetores-coluna $\mathbf{u}$ e $\mathbf{v}$ são ortogonais quando $\mathbf{u}^T\mathbf{v} = 0$, então

$$\mathbf{a}_1^T(\mathbf{b}^* - \mathbf{b}) = 0, \qquad \mathbf{a}_2^T(\mathbf{b}^* - \mathbf{b}) = 0, \ldots, \qquad \mathbf{a}_n^T(\mathbf{b}^* - \mathbf{b}) = 0,$$

que é equivalente a

$$\mathbf{A}^T(\mathbf{b}^* - \mathbf{b}) = \mathbf{0},$$

e, como $\mathbf{b}^* = \mathbf{Ax}^*$, temos

$$\mathbf{A}^T(\mathbf{Ax}^* - \mathbf{b}) = \mathbf{0},$$

e finalmente

$$\mathbf{A}^T\mathbf{Ax}^* = \mathbf{A}^T\mathbf{b}. \tag{6.7}$$

O sistema linear (6.7), dito **sistema de equações normais**, *sempre* tem solução. Sua solução $\mathbf{x}^*$ é dita **solução dos quadrados mínimos** do sistema

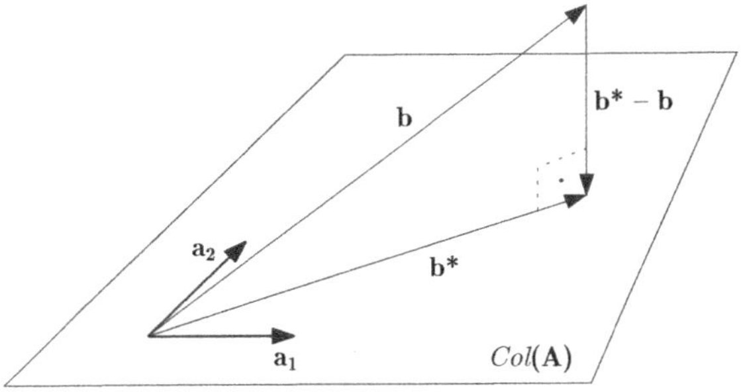


**FIGURA 6.3** O vetor $\mathbf{b}^*$ é a projeção ortogonal de $\mathbf{b}$ sobre Col ($\mathbf{A}$).

linear (6.6). Essa denominação provém do fato de que a distância entre os vetores $\mathbf{b}^*$ e $\mathbf{b}$, determinada pela norma (tamanho) do vetor diferença $\mathbf{b}^* - \mathbf{b}$,

$$\|\mathbf{b}^* - \mathbf{b}\| = \sqrt{\sum_{i=1}^{n}(b_i^* - b_i)^2}, \tag{6.8}$$

é *mínima* e é uma soma de *quadrados*.

### 6.3.2 Obtendo o polinômio de ajuste

Os coeficientes do polinômio de ajuste (6.2) serão obtidos pela resolução do sistema linear (6.5) no sentido dos *quadrados mínimos*. Isto é, pela resolução do sistema linear

$$\mathbf{X}^{\mathrm{T}}\mathbf{X}\boldsymbol{\beta}^* = \mathbf{X}^{\mathrm{T}}\mathbf{y}. \tag{6.9}$$

De acordo com (6.8), a solução $\boldsymbol{\beta}^*$ do sistema linear (6.9) garante que será mínimo o valor do resíduo quadrático

$$\|\mathbf{y}^* - \mathbf{y}\|^2 = \sum_{i=1}^{n}(y_i^* - y_i)^2 = \sum_{i=1}^{n}[f(x_i) - y_i]^2 = S_{QE}.$$

**EXEMPLO 6.2** *Reconsidere os nodos dados pela tabela do Exemplo 6.1. Encontre a função polinomial de ordem 1 (uma função afim) de ajuste (de resíduo quadrático mínimo) aos nodos.*

**SOLUÇÃO** De acordo com a tabela, temos

$$\mathbf{x} = \begin{bmatrix} 0{,}5 \\ 2{,}8 \\ 4{,}2 \\ 6{,}7 \\ 8{,}3 \end{bmatrix}, \quad \mathbf{y} = \begin{bmatrix} 4{,}4 \\ 1{,}8 \\ 1{,}0 \\ 0{,}4 \\ 0{,}2 \end{bmatrix}.$$

Assim, temos $\mathbf{X}$, a matriz de planejamento (Vandermonde, de ordem 1), e sua transposta $\mathbf{X}^{\mathrm{T}}$:

$$\mathbf{X} = \begin{bmatrix} 0{,}5 & 1 \\ 2{,}8 & 1 \\ 4{,}2 & 1 \\ 6{,}7 & 1 \\ 8{,}3 & 1 \end{bmatrix}, \quad \mathbf{X}^{\mathrm{T}} = \begin{bmatrix} 0{,}5 & 2{,}8 & 4{,}2 & 6{,}7 & 8{,}3 \\ 1 & 1 & 1 & 1 & 1 \end{bmatrix}.$$

A matriz $\mathbf{X}^{\mathrm{T}}\mathbf{X}$ e o vetor $\mathbf{X}^{\mathrm{T}}\mathbf{y}$ do sistema linear (6.9) são

$$\mathbf{X}^{\mathrm{T}}\mathbf{X} = \begin{bmatrix} 139{,}51 & 22{,}5 \\ 22{,}5 & 5 \end{bmatrix}, \quad \mathbf{X}^{\mathrm{T}}\mathbf{y} = \begin{bmatrix} 15{,}78 \\ 7{,}80 \end{bmatrix}.$$

Resolvendo o sistema linear (pelo método do escalonamento de Gauss) obtemos

$$\boldsymbol{\beta}^* = \begin{bmatrix} -0{,}5050 \\ 3{,}8323 \end{bmatrix},$$

que corresponde à função

$$f(x) = -0{,}5050x + 3{,}8323. \qquad (6.10)$$

Os valores ajustados $f(x_i)$ são

$$f(0{,}5) = 3{,}5799; \quad f(2{,}8) = 2{,}4184; \quad f(4{,}2) = 1{,}7115;$$
$$f(6{,}7) = 0{,}4491; \quad f(8{,}3) = -0{,}3589;$$

e o resíduo quadrático é $S_{QE} = 1{,}8761$.

Observe que o resíduo quadrático obtido nesse último exemplo é menor que o obtido no exemplo anterior. De fato, esse último é o *menor* de *todos os possíveis* resíduos quadráticos. A função obtida em (6.10) é denominada **função de ajuste de resíduo quadrático mínimo**. A Figura 6.4 mostra os gráficos das duas funções de ajuste (a provisória e a de resíduo quadrático mínimo) aos dados do Exemplo 6.1.

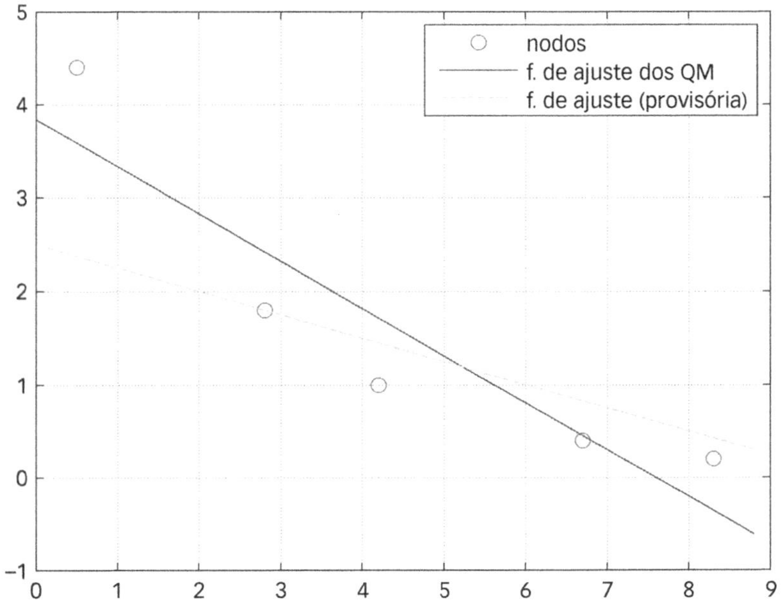


**FIGURA 6.4** A função de ajuste (provisória) e a função de ajuste dos quadrados mínimos.

**EXEMPLO 6.3** *Reconsidere os nodos dados pela tabela do Exemplo 6.1. Encontre a função polinomial de ordem 2 (uma função quadrática) de ajuste (de resíduo quadrático mínimo) aos nodos.*

**SOLUÇÃO** De acordo com os dados, a matriz de planejamento (Vandermonde, de ordem 2) $\mathbf{X}$ e sua transposta $\mathbf{X}^{\mathrm{T}}$ são

$$\mathbf{X} = \begin{bmatrix} 0{,}25 & 0{,}5 & 1 \\ 7{,}84 & 2{,}8 & 1 \\ 17{,}64 & 4{,}2 & 1 \\ 44{,}89 & 6{,}7 & 1 \\ 68{,}89 & 8{,}3 & 1 \end{bmatrix}, \quad \mathbf{X}^{\mathrm{T}} = \begin{bmatrix} 0{,}25 & 7{,}84 & 17{,}64 & 44{,}89 & 68{,}89 \\ 0{,}5 & 2{,}8 & 4{,}2 & 6{,}7 & 8{,}3 \\ 1 & 1 & 1 & 1 & 1 \end{bmatrix}.$$

A matriz $\mathbf{X}^{\mathrm{T}}\mathbf{X}$ e o vetor $\mathbf{X}^{\mathrm{T}}\mathbf{y}$ do sistema linear (6.9) são

$$\mathbf{X}^{\mathrm{T}}\mathbf{X} = \begin{bmatrix} 7133{,}6419 & 968{,}7150 & 139{,}5100 \\ 968{,}7150 & 139{,}5100 & 22{,}5000 \\ 139{,}5100 & 22{,}5000 & 5{,}0000 \end{bmatrix}, \quad \mathbf{X}^{\mathrm{T}}\mathbf{y} = \begin{bmatrix} 64{,}5860 \\ 15{,}7800 \\ 7{,}8000 \end{bmatrix}.$$

Resolvendo o sistema linear (pelo método do escalonamento de Gauss), obtemos

$$\boldsymbol{\beta}^* = \begin{bmatrix} 0{,}0940 \\ -1{,}3426 \\ 4{,}9787 \end{bmatrix},$$

que corresponde a função

$$f(x) = 0{,}0940x^2 - 1{,}3426x + 4{,}9787;$$

cujo gráfico é mostrado na Figura 6.5.

Os valores ajustados $f(x_i)$ são

$$f(0{,}5) = 4{,}3310; \quad f(2{,}8) = 1{,}9565; \quad f(4{,}2) = 0{,}9981;$$
$$f(6{,}7) = 0{,}2032; \quad f(8{,}3) = 0{,}3111;$$

e o resíduo quadrático é $S_{QE} = 0{,}0803$.

Observe que, ao aumentar a ordem do polinômio de ajuste, o resíduo quadrático diminui, isto é, se obtém um ajuste *melhor*.

O algoritmo AJUSTEPOL sistematiza o procedimento para o ajuste polinomial de ordem $m$ qualquer.

**Algoritmo 17** AJUSTEPOL

**entrada** : $\mathbf{x}$, $\mathbf{y}$, $m$
**saída** : $\boldsymbol{\beta}$, $\boldsymbol{y}^*$, $S_{QE}$
*Matriz de planejamento e resolução do sistema linear*
1: $\mathbf{X} \leftarrow$ MVANDER($\mathbf{x}$,m)

$\mathbf{A} \leftarrow \mathbf{X}^T\mathbf{X}$
$\mathbf{b} \leftarrow \mathbf{X}^T\mathbf{y}$
$\beta \leftarrow$SLGAUSS($\mathbf{A}$,$\mathbf{b}$)
*Determinação de resíduo quadrático*
$\mathbf{y}^* \leftarrow \mathbf{X}\beta$
$S_{QE} \leftarrow ||\mathbf{y} - \mathbf{y}^*||^2$

**Usando o MATLAB** Os coeficientes do polinômio de ajuste podem ser obtidos com o comando `polyfit`, cujo procedimento é basicamente o mesmo do algoritmo AJUSTEPOL.

```
>> x = [0.5; 2.8; 4.2; 6.7; 8.3];
>> y = [4.4; 1.8; 1.0; 0.4; 0.2];
>> beta = polyfit(x,y,2)
beta =
  0.0940  -1.3426  4.9787
```

**Observação** Se os valores da variável independente ou o grau do polinômio interpolador forem moderadamente elevados, a matriz de Vandermonde associada ao sistema linear pode se tornar mal-condicionada e promover erros de arredondamento. Por exemplo, no Problema 6.9, se usarmos os valores 1960, ..., 2010 ou 6, ..., 11, teremos previsões ligeiramente diferentes. Nesses casos, recomenda-se fazer uma *mudança de escala* na variável independente e diminuir seus valores.

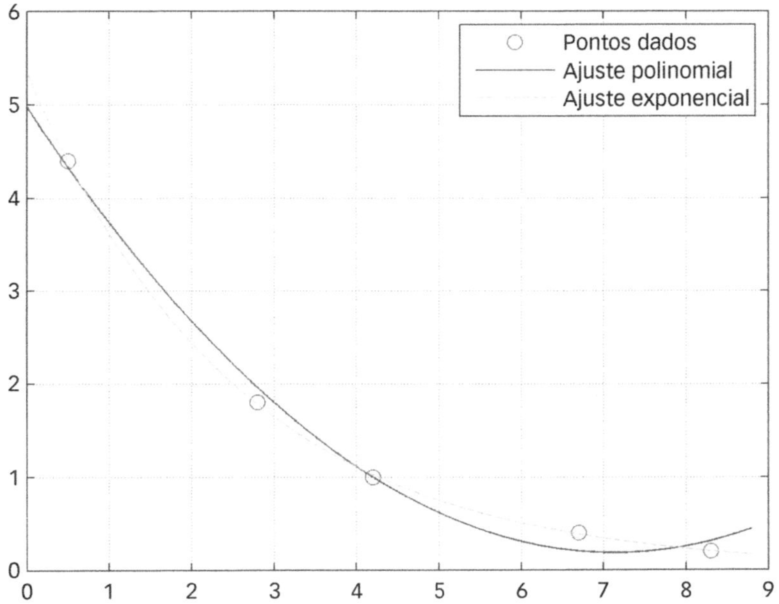


**FIGURA 6.5** Uma função de ajuste polinomial e uma função de ajuste exponencial.

## 6.4 Ajuste exponencial

O método dos mínimos quadrados, como visto na seção anterior, somente é aplicável se a função de ajuste for *linear* nos coeficientes. Em alguns casos de interesse, a função de ajuste não é linear, mas pode ser transformada em outra função equivalente e linear. Nesta seção, trataremos do caso da função exponencial, no entanto outras funções também podem ser trabalhadas (veja, por exemplo, o Problema 6.25).

O **ajuste exponencial** consiste em determinar os coeficientes $a$ e $b$ da função exponencial

$$y = f(x) = ae^{bx} \tag{6.11}$$

a um conjunto de nodos $(x, y)$.

Existem diversos métodos para determinar a função de ajuste exponencial. Uma maneira de proceder consiste em, inicialmente, observar que

$$y = ae^{bx} \Leftrightarrow \ln y = bx + \ln a, \tag{6.12}$$

se $y > 0$. Agora, a função da parte direita de (6.12) é linear nas incógnitas $b$ e $\ln a$. Fazendo $z = \ln y$, $\beta_1 = b$ e $\beta_0 = \ln a$ verificamos que o ajuste da função (6.11) aos nodos $(x, y)$ é possível a partir do ajuste da função polinomial

$$z = \beta_1 x + \beta_0$$

aos nodos $(x, \ln y)$.

**EXEMPLO 6.4** *Considere os nodos dados pela tabela do Exemplo 6.1. Obtenha a função de ajuste exponencial aos dados.*

**SOLUÇÃO** Inicialmente obtemos os valores de $z_i = \ln y_i$ para $i = 1 : n$:

| $i$ | $x_i$ | $y_i$ | $z_i = \ln y_i$ |
|---|---|---|---|
| 1 | 0,5 | 4,4 | 1,4816 |
| 2 | 2,8 | 1,8 | 0,5878 |
| 3 | 4,2 | 1,0 | 0,0000 |
| 4 | 6,7 | 0,4 | −0,9163 |
| 5 | 8,3 | 0,2 | −1,6094 |

Em seguida, encontramos os coeficientes do ajuste linear $z = \beta_1 x + \beta_0$ com o algoritmo AJUSTEPOL

$$\beta_1 = -0{,}3936 \quad \beta_0 = 1{,}6797$$

e, em seguida, os coeficientes do ajuste exponencial

$$a = e^{\beta_0} = 5{,}3641 \quad b = \beta_1 = -0{,}3936.$$

Assim, a função de ajuste é dada por

$$f(x) = 5{,}3641e^{-0,3936x}.$$

O resíduo quadrático do ajuste é obtido com

$$S_{QE} = \sum_{i=1}^{n}[f(x_i) - y_i]^2 = 0{,}0014.$$

O gráfico da função de ajuste exponencial é mostrado na Figura 6.5.

O ajuste exponencial é muito utilizado em vários problemas de engenharia. Um algoritmo para obter os coeficientes do ajuste exponencial é facilmente obtido modificando o algoritmo AJUSTEPOL e é deixado como exercício (ver Problema 6.11).

O problema do ajuste é muito importante no contexto das engenharias e ciências exatas. Diversas técnicas da análise de dados experimentais tomam por base o ajuste de *modelos lineares*. Além dos casos vistos aqui, existem diversas sofisticações e generalizações possíveis (ver Problemas 6.24 e 6.25). Para detalhes, livros de estatística (Triola, 1998) ou álgebra linear (Lay, 2012) são recomendados.

**Observação** O resíduo quadrático $S_{QE}$ obtido no último exemplo, não é necessariamente *mínimo*. Isso decorre da transformação das variáveis envolvidas. Técnicas de *otimização irrestrita* são indicadas para o caso do ajuste de funções generalizado (Diniz-Ehrhardt; Lopes; Pedroso, 2010).

## 6.5 Problemas

### Ajuste polinomial

**6.1.** ✎ Considere a tabela de valores a seguir e determine:

| $x$ | 4 | 6 | 7 | 9 |
|---|---|---|---|---|
| $y$ | 1 | 4 | 7 | 9 |

(a) o polinômio de ordem 1, $p_1(x) = \beta_1\, x + \beta_0$, que se ajusta aos nodos dados; (b) o resíduo quadrático do ajuste. (c) Desenhe um gráfico mostrando os nodos e o polinômio de ajuste.

**6.2.** ✎ Considere a tabela de valores a seguir e determine:

| $x$ | −1 | 0 | 1 | 3 | 4 |
|---|---|---|---|---|---|
| $y$ | 2 | 1 | 2 | 4 | 6 |

(a) o polinômio de ordem 2, $p_2(x) = \beta_2 x^2 + \beta_1 x + \beta_0$, que se ajusta aos nodos dados; (b) o resíduo quadrático do ajuste. (c) Desenhe um gráfico mostrando os nodos e o polinômio de ajuste.

**6.3.** ✎ A tabela a seguir fornece a produção $P$ (em peças por hora) de uma certa máquina em função de seu tempo de serviço $T$ (em anos).

| $T$ (anos) | 0 | 1 | 2 | 3 | 4 |
|---|---|---|---|---|---|
| $P$ ($^{\text{peças}}/_{\text{h}}$) | 28 | 28 | 26 | 22 | 19 |

São dadas três funções:

$$F(T) = -0{,}5T^2 - 0{,}1T + 28$$

$$G(T) = -0{,}5T^2 - 0{,}3T + 28$$

$$H(T) = -0{,}6T^2 - 0{,}2T + 29$$

Determine o resíduo quadrático de cada uma das funções. Qual delas se ajusta melhor aos dados?

**6.4.** ✎ A tabela a seguir fornece a quantidade de vínculos de trabalho formal no Brasil em anos recentes (Dornelles Filho et al., 2015).

| $t$ (ano) | $N$ (milhões) |
|---|---|
| 2010 | 44,1 |
| 2011 | 46,3 |
| 2012 | 47,5 |
| 2013 | 48,9 |
| 2014 | 49,6 |

(a) Encontre o polinômio $N(t)$ de ajuste de ordem 1. Sugestão: para minimizar erros de arredondamento, use 0, 1, 2, 3, 4 em vez de 2010, 2011, 2012, 2013, 2014.

(b) Determine o resíduo quadrático do ajuste.

(c) Use o polinômio de ajuste para prever o número de vínculos em 2015.

**6.5.** ☞ Implemente o algoritmo AJUSTEPOL na sua linguagem preferida. Para verificar a correção da implementação, refaça o Exemplo 6.2.

**6.6.** A tabela a seguir, adaptada de Triola (1998), mostra a altura $H$ (em polegadas) e o peso $P$ (em libras) de ursos selvagens anestesiados.

| $H$ (pol) | $P$ (lb) |
|---|---|
| 53,0 | 80 |
| 67,5 | 344 |
| 72,0 | 416 |
| 72,0 | 348 |
| 73,5 | 262 |
| 68,5 | 360 |
| 73,0 | 332 |
| 37,0 | 34 |

(a) Encontre o polinômio ajuste $P(H)$ de ordem 1 (reta).

(b) Determine o resíduo quadrático $S_{QE}$.

(c) Desenhe no mesmo gráfico: os nodos e a função de ajuste.

(d) Um biólogo observa um urso na selva e estima que tenha 65 polegadas de altura. Qual é o peso do urso?

**6.7.** A tabela a seguir, adaptada de Pasco Scientific (2005), mostra a fração percentual $F$ de luz polarizada refletida por uma superfície em função do ângulo de incidência $\theta$ (em graus).

| $\theta(°)$ | $F(\%)$ |
|---|---|
| 50 | 2,75 |
| 52 | 1,45 |
| 54 | 0,50 |
| 56 | 0,15 |
| 58 | 0,20 |
| 60 | 0,85 |

(a) Encontre a função de ajuste polinomial $F(\theta)$ de ordem 2.

(b) Usando o modelo obtido, faça uma estimativa para o ângulo $\theta_B$ no qual $F_B$, a fração de luz polarizada, é mínima. Na óptica, esse ângulo é conhecido como ângulo de Brewster[3] (Halliday; Resnick; Merrill, 1991).

(c) Desenhe no mesmo gráfico: os nodos, o polinômio de ajuste e o ponto $(\theta_B, F_B)$.

[3] David Brewster (1781-1868), físico escocês. Estudioso dos fenômenos ópticos, descobriu o efeito da birrefringência causada pela compressão de alguns sólidos isotrópicos. Estudou também aspectos da polarização da luz, especialmente quando refletida em superfícies de materiais dielétricos e metálicos (Wikipedia, 2014).

**6.8.** A tabela a seguir fornece dados de consumo de energia elétrica $E$, em kilowatt-hora, no período de 12 meses em uma certa residência.

| $t$ (mês) | $E$ (kWh) |
|---|---|
| jan | 159 |
| fev | 148 |
| mar | 176 |
| abr | 203 |
| mai | 250 |
| jun | 230 |
| jul | 289 |
| ago | 291 |
| set | 314 |
| out | 256 |
| nov | 220 |
| dez | 192 |

(a) Faça $t = 1$ para janeiro, $t = 2$ para fevereiro, etc. e encontre o polinômio $f(t)$ de ajuste de ordem 3.

(b) Desenhe um gráfico mostrando os nodos e o polinômio de ajuste.

(c) Determine o mês $t_{min}$ no qual a diferença entre $f(t)$ e $E(t)$ é mínima.

(d) Determine o mês $t_{max}$ no qual a diferença entre $f(t)$ e $E(t)$ é máxima.

**6.9.** A tabela a seguir mostra os valores da concentração $C$ de dióxido de carbono medidos no observatório de Mauna Loa (Hawaii, EUA) entre os anos de 1960 e 2010 (Tans; Keeling, 2013).

| $t_1$ | $t_2$ | $C$ (ppm) |
|---|---|---|
| 1960 | 1 | 316,91 |
| 1970 | 2 | 325,68 |
| 1980 | 3 | 338,68 |
| 1990 | 4 | 354,35 |
| 2000 | 5 | 369,52 |
| 2010 | 6 | 389,85 |

Deseja-se estimar a concentração de $CO_2$ para o ano de 2020. Para tanto, uma função de ajuste polinomial de ordem 3 para a concentração de $CO_2$ na atmosfera em função do tempo $t$ deve ser encontrada.

(a) A partir dos dados da tabela, determine uma função de ajuste polinomial $p_1(t)$ de ordem 3 usando os valores da coluna $t_1$ para variável independente. Estime o valor de $p_1(2020)$.

(b) Determine uma função de ajuste polinomial $p_2(t)$ de ordem 3 usando os valores da coluna $t_2$ para variável independente. Estime o valor de $p_2(7)$.

(c) Observe que os valores estimados em (a) e (b) são ligeiramente diferentes. Determine a diferença relativa entre eles.

(d) Desenhe um gráfico mostrando os nodos e os valores estimados.

## Ajuste exponencial

**6.10.** ✎ Ajuste uma função exponencial aos dados do Problema 6.2.

**6.11.** ☞ Estude cuidadosamente o método da Seção 6.4 e implemente uma *function* `[a, b] = AjusteExp(x, y)` para encontrar a função de *ajuste exponencial* a um conjunto de nodos dados. Para verificar a correção da implementação, refaça o Exemplo 6.4.

**6.12.** Considere os dados do Problema 6.9.

(a) Encontre a função de ajuste exponencial aos dados.

(b) Faça uma estimativa para a concentração de $CO_2$ para o ano de 2020.

(c) Desenhe um gráfico mostrando os dados originais, a função de ajuste exponencial e o valor previsto para 2020.

**6.13.** As tabelas a seguir, adaptadas de Tseng (2007), mostram medidas de potência $P$ (em *horse power*) de alguns automóveis. A tabela mostra também o tempo de aceleração $T$ (em segundos) que cada veículo necessita para, a partir do repouso, atingir 60 $^{\text{milhas}}/_{\text{hora}}$.

| $P$(HP) | $T$(s) | $P$(HP) | $T$(s) |
|---|---|---|---|
| 85 | 17,6 | 110 | 13,5 |
| 76 | 14,7 | 75 | 15,5 |
| 67 | 19,9 | 72 | 19,5 |
| 105 | 14,5 | 180 | 12,5 |
| 88 | 16,0 | 200 | 15,0 |
| 88 | 16,5 | 140 | 13,2 |
| 65 | 21,0 | 52 | 19,4 |
| 88 | 18,0 | 71 | 14,9 |
| 71 | 24,8 | 75 | 18,2 |
| 155 | 14,9 | 98 | 19,0 |
| 60 | 22,1 | 61 | 19,0 |
| 85 | 17,0 | 140 | 10,5 |
| 85 | 16,7 | 60 | 22,0 |

(a) Encontre a função de ajuste exponencial $T\,(P)$ aos dados.

(b) Determine o tempo de aceleração $T$ esperado de um automóvel com potência de 80HP.

(c) Determine a potência esperada de um automóvel com tempo de aceleração de 14s.

**6.14.** A capacidade de processamento dos computadores pessoais (PC) tem aumentado continuamente desde o início da era da microeletrônica. Essa capacidade está diretamente relacionada à quantidade de transistores colocados dentro de cada microprocessador. Este crescimento é conhecido como *Lei de Moore*[4]. O quadro a seguir (mostra a quantidade de transistores montados dentro de cada modelo de microprocessador fabricado pela empresa Intel (Oliveira, 2005).

| Microprocessador | Ano de Introdução | Transistores |
|---|---|---|
| **4004** | 1971 | 2.300 |
| **8008** | 1972 | 2.500 |
| **8080** | 1974 | 4.500 |
| **8086** | 1978 | 29.000 |
| **Intel286** | 1982 | 134.000 |
| **intel386™ processor** | 1985 | 275.000 |
| **intel486™ processor** | 1989 | 1.200.000 |
| **Intel® Pentium® processor** | 1993 | 3.100.000 |
| **Intel® Pentium® II processor** | 1997 | 7.500.000 |
| **Intel® Pentium® III processor** | 1999 | 9.500.000 |
| **Intel® Pentium® 4 processor** | 2000 | 42.000.000 |
| **Intel® Itanium® processor** | 2001 | 25.000.000 |
| **Intel® Itanium® 2 processor** | 2003 | 220.000.000 |
| **Intel® Itanium® 2 processor (9MB cache)** | 2004 | 592.000.000 |

(a) Ajuste uma função exponencial aos dados.

(b) Desenhe um gráfico mostrando os dados e a função de ajuste. Sugestão: Use o comando `semilogy`.

(c) Usando o modelo obtido, faça uma estimativa do número de transistores em um microprocessador para 2020.

(d) Usando o modelo obtido, faça uma estimativa do ano em que o número de transistores em um microprocessador atingirá a marca de $1 \times 10^{12}$.

[4] Gordon Earle Moore (1929), cientista norte-americano. Nasceu em San Francisco, é bacharel em química (1950, Universidade da Califórnia) e doutor em química e física (1954, California Institute of Technology-Caltech). Foi um dos pioneiros no desenvolvimento do *circuito integrado*. Em 1957, foi cofundador da empresa *Fairchild Semiconductor*. Em 1965, publicou o artigo *Cramming more components onto integrated circuits* (Moore, 1965), no qual previu a forma de crescimento da capacidade computacional dos microprocessadores. Em 1968, foi cofundador da *Intel Corporation*, empresa na qual permaneceu ativo até 1987. Dono de uma das grandes fortunas do mundo, em 2001 doou 600 milhões de dólares ao Caltech para investimentos em pesquisa e tecnologia (Wikipedia, 2007).

### Tópicos diversos

**6.15.** Considere os nodos a seguir.

| x | y |
|---|---|
| 0,1 | 3,81 |
| 2,0 | 4,00 |
| 4,1 | 12,61 |
| 4,4 | 14,56 |
| 4,6 | 15,96 |
| 5,2 | 20,64 |
| 6,7 | 35,49 |
| 7,4 | 43,96 |
| 8,4 | 57,76 |
| 9,3 | 71,89 |

(a) Use o programa AJUSTEPOL para ajustar um polinômio de ordem 5 ao conjunto de nodos.

(b) Observe que (a menos que ocorra erro de arredondamento) o grau do polinômio obtido é efetivamente *menor* que 5. Por que isso ocorre?

**6.16.** ✎ Um estudante de cálculo numérico usou o programa AJUSTEPOL para ajustar um polinômio de ordem 4 a um conjunto de 15 nodos. Obteve os seguintes coeficientes para o polinômio de ajuste:

```
c =
 0.0000
-0.0012
 0.0925
-1.1288
 6.2356
```

O estudante escreveu a seguinte conclusão em seu relatório:

> "O programa deve ter feito alguma conta errada, pois o primeiro coeficiente do polinômio é zero e corresponde a um polinômio de ajuste de grau 3, o que é impossível."

A conclusão do estudante está correta? Justifique.

**6.17.** Aos dados do Problema 6.8, é possível ajustar uma função trigonométrica

$$E(t) = C + A\,\text{sen}\left(\frac{\pi}{6}t + \phi\right),$$

onde $C = 227{,}3333$, $A = -70{,}1327$ e $\phi = 0{,}5545$.

(a) Desenhe um gráfico mostrando os nodos e a função de ajuste trigonométrica.

(b) Calcule o resíduo quadrático do ajuste.

O problema do ajuste não linear geral está além do nível proposto neste texto. Ver, por exemplo, Cláudio e Marins (1989).

**6.18.** Em alguns livros, como o de Campos Filho (2001) ou Cláudio e Marins (1989), os coeficientes do polinômio de ajuste de ordem 1 são dados por

$$\beta_0 = \frac{\sum y_i \sum x_i^2 - \sum x_i \sum x_i y_i}{n \sum x_i^2 - (\sum x_i)^2},$$
$$\beta_1 = \frac{n \sum x_i y_i - \sum x_i \sum y_i}{n \sum x_i^2 - (\sum x_i)^2}.$$

Verifique que as fórmulas acima resultam nos mesmos coeficientes calculados no Exemplo 6.2.

**6.19.** Como medida da *qualidade* do ajuste, o resíduo quadrático $S_{QE}$ tem alguns pontos fracos. Entre eles, podemos citar o fato de que $S_{QE}$ se *altera* se as unidades de medida são alteradas. Verifique esse fato calculando o resíduo quadrático de um ajuste polinomial (grau 1) aos dados do Problema 6.6 para dois sistemas de unidades: lb - pol e kg - cm. (Use 1pol $= 2,54$ cm, 1lb $= 0,4536$ kg.)

**6.20.** Uma medida de qualidade de ajuste que não possui o ponto fraco discutido no problema anterior é denominado **coeficiente de determinação** $r^2$ obtido por

$$r^2 = 1 - \frac{S_{QE}}{S_{QT}},$$

onde

$$S_{QT} = \sum_{i=1}^{n} (y_i - \bar{y})^2 \quad \text{e} \quad \bar{y} = \frac{1}{n} \sum_{i=1}^{n} y_i.$$

Esse coeficiente varia de 0 (ajuste nulo) a 1 (ajuste perfeito).

(a) Qual é a unidade de medida do coeficiente de ajuste $r^2$?

(b) Altere a implementação do algoritmo AJUSTEPOL para que ele calcule também o coeficiente de determinação.

(c) Reconsidere os dados do Problema 6.19 com os dois sistemas de medidas: lb - pol e kg - cm. Verifique que os coeficientes de determinação ($r^2$) obtidos são iguais.

**6.21.** Reconsidere a tabela populacional mostrada no Problema 5.7.

(a) Encontre uma função de ajuste *polinomial* (ordem 2) e uma função de ajuste *exponencial* ao conjunto de dados.

(b) Use o coeficiente de determinação definido no problema anterior para verificar qual dos ajustes é melhor.

(c) Estime a população do Brasil para o ano de 2020 usando os dois modelos.

**6.22.** Um caso interessante do problema de ajuste de funções denominado *ajuste condicionado* (Dotto; Dornelles Filho, 2006) consiste em determinar a reta de ajuste de grau 1 que é condicionada (forçada) a passar pelo ponto (0, 0), isto é, $f(x) = \beta_1 x$ (com $\beta_0 = 0$). Nesse caso, o coeficiente $\beta_1$ é dado por

$$\beta_1 = \frac{\sum x_i y_i}{\sum x_i^2}.$$

Na tabela, adaptada de Barbosa e Breitschaft (2006) a seguir são dados o volume deslocado $V$ (em mililitros) na imersão de um cilindro de alumínio em um recipiente com glicerina líquida e a respectiva força de empuxo $E$ (em gramas-força) recebida.

| $V$ (mL) | $E$ (gf) |
|---|---|
| 10 | 13 |
| 20 | 26 |
| 30 | 38 |
| 40 | 50 |
| 50 | 63 |
| 60 | 75 |
| 70 | 87 |
| 80 | 100 |
| 90 | 112 |
| 100 | 125 |

(a) Use o algoritmo AJUSTEPOL e encontre a função de ajuste (sem condicionamento) $f_{sc}(V) = \beta_1 V + \beta_0$. Verifique que $\beta_0 \neq 0$.

(b) Use a fórmula acima e encontre a função de ajuste (com condicionamento) $f_{cc}(V) = c_1 V$. Observe se os valores de $\beta_1$ e $c_1'$ nos ajustes sem e com condicionamento são iguais.

(c) Desenhe um gráfico mostrando os nodos e as duas retas de ajuste.

*O método dos quadrados mínimos pode ser aplicado a qualquer função linear em seus coeficientes, como $\beta_m f_m(x, y) + \cdots + \beta_1 f_1(x, y) + \beta_0 f_0(x, y) = y$, mudando apenas a estrutura da matriz de planejamento* **X**. *Os Problemas 6.23 e 6.24, (adaptados de Lay, 2012) podem ser resolvidos especificando adequadamente a matriz de planejamento.*

**6.23.** A pressão sanguínea $p$ de uma criança sadia é dada por

$$p = \beta_0 + \ln m,$$

onde $m$ é o peso da criança e os coeficientes $\beta_0$ e $\beta_1$ são constantes a serem determinadas. A tabela mostra os dados obtidos por observações de um pediatra.

| $m$ (lb) | $p$ (mmHg) |
|---|---|
| 44 | 91 |
| 61 | 98 |
| 81 | 103 |
| 113 | 110 |
| 131 | 112 |

(a) Determine a matriz de planejamento associada ao problema.

(b) Determine os valores dos coeficientes $\beta_0$ e $\beta_1$.

(c) Estime a pressão $p$ para uma criança de 100 lb.

**6.24.** De acordo com a primeira lei de Kepler, a órbita elíptica de um corpo celeste (cometa, asteroide, planeta, etc.) é descrita por

$$r = \beta_0 + \beta_1(r \cos \theta),$$

usando as coordenadas polares $r$ e $\theta$, tendo o Sol como origem. Os coeficientes $\beta_0$ e $\beta_1$ são constantes a serem determinadas. A tabela a seguir mostra os dados obtidos por observações astronômicas de um cometa.

| $\theta$ (rad) | $r$ (u.a.) |
|---|---|
| 0,88 | 3,00 |
| 1,10 | 2,30 |
| 1,42 | 1,65 |
| 1,77 | 1,25 |
| 2,14 | 1,01 |

(a) Determine a matriz de planejamento associada ao problema.

(b) Determine o valor dos coeficientes $\beta_0$ e $\beta_1$.

(c) Desenhe o gráfico de $r(\theta)$ em coordenadas polares.

**6.25.** Use o método do ajuste da *função exponencial*, dada pela equação (6.11), para ajustar a *função logística*

$$p(x) = \frac{1}{1 + e^{-(\beta_0 + \beta_1 x)}},$$

ao conjunto de dados a seguir.

| $x$ | 6,2 | 8,5 | 9,4 | 10,1 | 12,7 | 13,9 | 15,8 | 19,3 |
|---|---|---|---|---|---|---|---|---|
| $p(x)$ | 0,02 | 0,05 | 0,25 | 0,33 | 0,69 | 0,88 | 0,93 | 0,99 |

(a) Determine o valor dos coeficientes $\beta_0$ e $\beta_1$.

(b) Desenhe o gráfico dos nodos e da função logística de ajuste.

CAPÍTULO 7

# Integração numérica

## 7.1 Definição do problema

Considere a integral definida dada por

$$Q = \int_a^b f(x)\, dx. \tag{7.1}$$

O problema da *integração numérica* consiste na avaliação de (7.1) por métodos numéricos. Note que, sendo a integral definida, $Q$ é um resultado *numérico*. O problema da integração *algébrica* é mais complicado e está além do escopo deste livro.

A integração numérica é especialmente indicada quando:

1. É conhecida uma expressão algébrica para $f$, mas sua primitiva $F$ é de difícil obtenção, isto é, não é conhecida uma expressão para $F$ em termos de funções elementares.
2. A função $f$ é conhecida em apenas um conjunto discreto de valores.

Estudaremos dois métodos de integração numérica: os métodos de Newton-Cotes, que são indicados para problemas do tipo 1, e o método dos *splines*, que é indicado para problemas do tipo 2.

## 7.2 Método de Newton-Cotes simples

O método de Newton[1]-Cotes[2] de ordem $n$ consiste em estimar o valor da integral (7.1) por meio da *média ponderada*

$$\int_a^b f(x)\, dx \approx (b-a)\left[w_0 f(x_0) + w_1 f(x_1) + \cdots + w_n f(x_n)\right], \tag{7.2}$$

onde

$$x_0 = a, \quad x_1 = a + h, \quad x_2 = a + 2h, \quad \ldots, \quad x_n = a + nh = b \tag{7.3}$$

[1] Ver nota biográfica na p. 47.

[2] Roger Cotes (1682 -1716), matemático inglês. Foi o editor da segunda edição do *Philosophiae naturalis principia mathematica* de Newton. Trabalhou na teoria dos logaritmos e nos métodos de aproximação racional por frações continuadas. Sua obra póstuma, *Harmonia mensurarum*, de 1722, desenvolve métodos de interpolação particularmente úteis no estudo da órbita de cometas e dos métodos de integração numérica. (O'Connor; Robertson, 2015).

são $n + 1$ *nodos* no intervalo de integração $[a, b]$ igualmente espaçados com

$$h = \frac{b - a}{n}$$

e $w_0, w_1, \ldots, w_n$ são os *pesos* da ponderação.

A quantidade de nodos e os respectivos pesos são definidos de acordo com a *ordem* do método. A ideia central é aproximar a função de integração $f$ por um *polinômio interpolador* $p$ de grau $n$. Os pesos $w$ de ordem $n$ são determinados de modo que a soma ponderada seja igual à integral *exata* do polinômio. A Figura 7.1 mostra os polinômios utilizados nas primeiras 4 ordens do método de Newton-Cotes.

A Tabela 7.1 mostra os pesos utilizados nas primeiras ordens do método de Newton-Cotes que, por razões históricas, recebem nomes próprios.

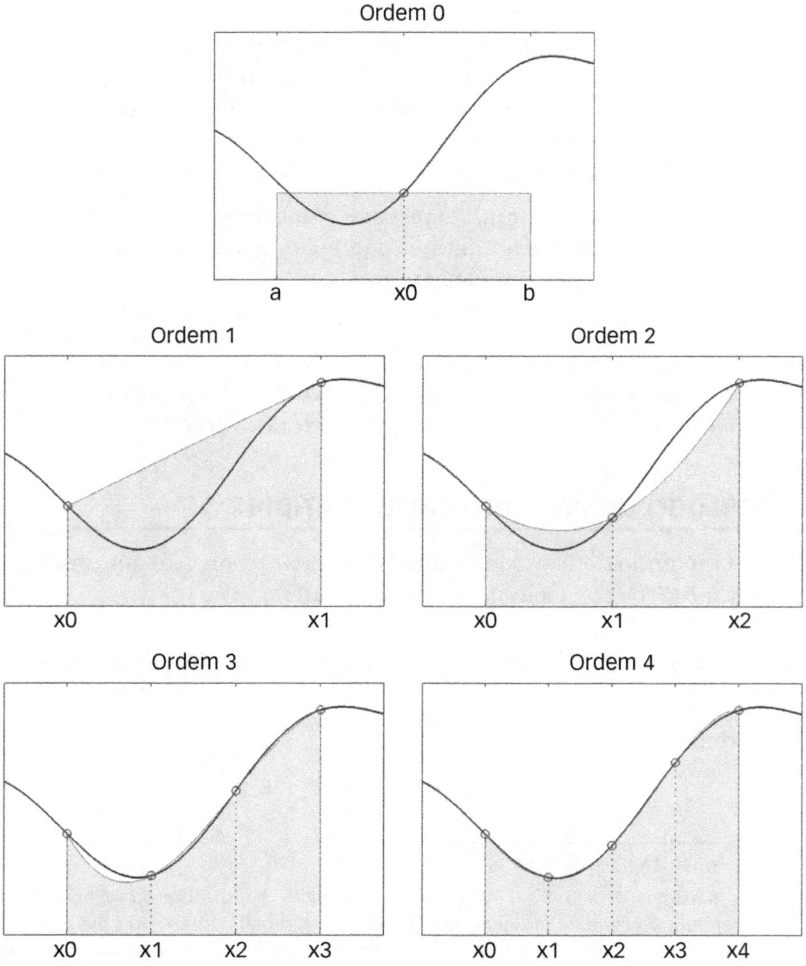


**FIGURA 7.1** Diferentes ordens da quadratura de Newton-Cotes.

**Tabela 7.1** Pesos das fórmulas de Newton-Cotes

| Ordem | $w_0$ | $w_1$ | $w_2$ | $w_3$ | $w_4$ | Regra |
|---|---|---|---|---|---|---|
| 0 | 1 | | | | | retângulo |
| 1 | 1/2 | 1/2 | | | | trapézio |
| 2 | 1/6 | 4/6 | 1/6 | | | 1ª de Simpson[3] |
| 3 | 1/8 | 3/8 | 3/8 | 1/8 | | 2ª de Simpson |
| 4 | 7/90 | 32/90 | 12/90 | 32/90 | 7/90 | Boole[4] |

**EXEMPLO 7.1** *Determine estimativas para a integral $\int_1^4 \sqrt{x}\,dx$ usando as ordens 2 e 4 do método de Newton-Cotes.*

**SOLUÇÃO** Para a estimativa de **ordem 2**, tem-se

$$a = 1, \quad b = 4, \quad h = \frac{b-a}{n} = \frac{4-1}{2} = 1{,}5000.$$

Os nodos, os valores da função e os respectivos pesos são:

| $i$ | $x_i$ | $f(x_i)$ | $w_i$ |
|---|---|---|---|
| 0 | 1,0000 | 1,0000 | 0,1667 |
| 1 | 2,5000 | 1,5811 | 0,6667 |
| 2 | 4,0000 | 2,0000 | 0,1667 |

Assim, temos

$$\begin{aligned} Q_2 &= (b-a)\sum w_i f(x_i) \\ &= (4-1)(0{,}1667 \cdot 1{,}0000 + 0{,}6667 \cdot 1{,}5811 + 0{,}1667 \cdot 2{,}0000) \\ &= 4{,}6623. \end{aligned}$$

Para a estimativa de **ordem 4**, tem-se

$$a = 1, \quad b = 4, \quad h = \frac{b-a}{n} = \frac{4-1}{4} = 0{,}7500.$$

---

[3] Thomas Simpson (1710-1761), matemático inglês. Em 1737, publicou *A New Treatise of Fluxions*, um livro didático de alta qualidade dedicado ao cálculo de *fluxões*, a versão newtoniana do cálculo infinitesimal. O método de integração numérica conhecido hoje como "regra de Simpson", embora apareça em seu livro, é devido a Newton como o próprio Simpson reconheceu (O'Connor; Robertson, 2015).

[4] George Boole (1815-1864), matemático inglês. Sua contribuição mais famosa (a álgebra booleana) é a incorporação da lógica pela matemática por meio da álgebra. Boole também trabalhou em equações diferenciais e cálculo das diferenças finitas. A regra de integração que leva seu nome aparece em 1860 em seu *Treatise on the Calculus ofFinite Diferences* (O'Connor; Robertson, 2015).

Os nodos, os valores da função e os respectivos pesos são:

| $i$ | $x_i$ | $f(x_i)$ | $w_i$ |
|---|---|---|---|
| 0 | 1,0000 | 1,0000 | 0,0778 |
| 1 | 1,7500 | 1,3229 | 0,3556 |
| 2 | 2,5000 | 1,5811 | 0,1333 |
| 3 | 3,2500 | 1,8028 | 0,3556 |
| 4 | 4,0000 | 2,0000 | 0,0778 |

Assim, temos

$$\begin{aligned} Q_4 &= (b-a)\sum w_i f(x_i) \\ &= (4-1)(0{,}0778 \cdot 1{,}0000 + 0{,}3556 \cdot 1{,}3229 + 0{,}1333 \cdot 1{,}5811 + \\ &\quad 0{,}3556 \cdot 1{,}8028 + 0{,}0778 \cdot 2{,}0000) \\ &= 4{,}6665. \end{aligned}$$

Como o valor exato da integral é dado por

$$\hat{Q} = \int_1^4 \sqrt{x}\,dx = \left[\frac{x^{3/2}}{3/2}\right]_1^4 = \frac{14}{3} = 4{,}6666\ldots$$

O erro relativo em $Q_2$ é $\epsilon_{\text{rel}} = -9{,}4050 \times 10^{-4}$ (2 DSE), e o erro relativo em $Q_4$ é $\epsilon_{\text{rel}} = -3{,}9233 \times 10^{-5}$ (4 DSE).

O método que estudaremos, com nodos definidos pelas equações (7.3), é denominado método de Newton-Cotes **fechado** por *incluir* os extremos $a$ e $b$ do intervalo de integração. Existem também variações que *não incluem* os extremos $a$ e $b$ e são ditas **abertas**. Por fim, existem métodos em que os nodos *não* são igualmente espaçados, como o **método de Gauss** (Abramowitz; Stegun, 1972; Press et al., 2007).

### 7.2.1 Dedução dos pesos de integração

De modo geral, a dedução dos *pesos* das ponderações é feita conforme os seguintes passos:

**Passo 1**: Inicialmente realizamos a mudança na variável de integração

$$x = a + (b-a)t, \tag{7.4}$$

com $dx = (b-a)dt$. Assim (7.1) pode ser reescrita como

$$Q = \int_a^b f(x)\,dx = \int_0^1 f[a+(b-a)t](b-a)\,dt.$$

Definindo

$$\phi(t) = f[a+(b-a)t],$$

obtemos

$$Q = (b-a)\int_0^1 \phi(t)\,dt. \tag{7.5}$$

Assim a integral original (7.1) no intervalo $[a, b]$ é transformada na integral (7.5) no intervalo $[0, 1]$.

**Passo 2**: A integral em (7.5) é aproximada pela média ponderada

$$\int_0^1 \phi(t)\,dt \approx w_0\phi(t_0) + w_1\phi(t_1) + \cdots + w_n\phi(t_n), \tag{7.6}$$

com

$$t_k = \frac{k}{n}, \quad k = 0, \ldots, n. \tag{7.7}$$

Em seguida, aproximando-se a função $\phi$ por um polinômio interpolador de grau $n$

$$\phi(t) \approx c_n\, t^n + \cdots + c_1 t + c_0,$$

obtém-se, no lado *esquerdo* de (7.6),

$$\begin{aligned}\int_0^1 \phi(t)\,dt &= \int_0^1 (c_n\, t^n + \cdots + c_1\, t + c_0)\; dt \\ &= c_n \int_0^1 t^n\,dt + \cdots + c_1 \int_0^1 t\,dt + c_0 \int_0^1 1\,dt \\ &= c_n \frac{1}{n+1} + \cdots + c_1 \frac{1}{2} + c_0 1,\end{aligned} \tag{7.8}$$

e, no lado *direito* de (7.6),

$$\begin{aligned}&w_0\phi(t_0) + w_1\phi(t_1) + \cdots + w_n\phi(t_n) = \\ &= w_0\,(c_n t_0{}^n + \cdots + c_1 t_0 + c_0) + \cdots + w_n\,(c_n t_n{}^n + \cdots + c_1 t_n + c_0) \\ &= c_n\,(w_0 t^n{}_0 + w_1 t_1{}^n + \cdots + w_n t_n{}^n) + \cdots + c_0\,(w_0 + w_1 + \cdots + wn).\end{aligned} \tag{7.9}$$

Comparando os termos que multiplicam $c_0, c_1, \ldots, c_n$ em (7.8) e (7.9) obtém-se

$$\left\{\begin{array}{ccccccccccc} w_0 & + & w_1 & + & w_2 & + & \cdots & + & w_n & = & 1 \\ w_0 t_0 & + & w_1 t_1 & + & w_2 t_2 & + & \cdots & + & w_n t_n & = & 1/2 \\ w_0 t_0^2 & + & w_1 t_1^2 & + & w_2 t_2^2 & + & \cdots & + & w_n t_n^2 & = & 1/3 \\ \vdots & & \vdots & & \vdots & & & + & \vdots & = & \vdots \\ w_0 t_0^n & + & w_1 t_1^n & + & w_2 t_2^n & + & \cdots & + & w_n t_n^n & = & 1/(n+1) \end{array}\right. \tag{7.10}$$

Agora, substituindo (7.7) em (7.10) obtém-se o sistema linear

$$\left\{\begin{array}{ccccccccccc} w_0 & + & w_1 & + & w_2 & + & \cdots & + & w_n & = & 1 \\ & + & w_1\frac{1}{n} & + & w_2\frac{2}{n} & + & \cdots & + & w_n & = & 1/2 \\ & + & w_1\left(\frac{1}{n}\right)^2 & + & w_2\left(\frac{2}{n}\right)^2 & + & \cdots & + & w_n & = & 1/3 \\ & & \vdots & & \vdots & & & + & \vdots & = & \vdots \\ & + & w_1\left(\frac{1}{n}\right)^n & + & w_2\left(\frac{2}{n}\right)^n & + & \cdots & + & w_n & = & 1/(n+1) \end{array}\right.,$$

que, por sua vez, pode ser escrito na forma matricial

$$\mathbf{Cw} = \mathbf{d}, \tag{7.11}$$

com

$$\mathbf{C} = \begin{bmatrix} 1 & 1 & 1 & \cdots & 1 \\ 0 & 1/n & 2/n & \cdots & 1 \\ 0 & (1/n)^2 & (2/n)^2 & \cdots & 1 \\ \vdots & \vdots & \vdots & & \vdots \\ 0 & (1/n)^n & (2/n)^n & \cdots & 1 \end{bmatrix}, \mathbf{w} = \begin{bmatrix} w_0 \\ w_1 \\ w_2 \\ \vdots \\ w_n \end{bmatrix}, \mathbf{d} = \begin{bmatrix} 1 \\ 1/2 \\ 1/3 \\ \vdots \\ 1/(n+1) \end{bmatrix}.$$

A resolução do sistema (7.11) para cada ordem $n = 0, 1, 2, 3, 4$ resulta no conjunto de pesos mostrados na Tabela 7.1.

**Passo 3**: Substituindo (7.7) em (7.4) obtemos os nodos de integração (7.3). Os pesos permanecem inalterados.

**Observação** Uma dedução ligeiramente diferente da que fizemos acima pode ser encontrada em Dotto (1998).

**EXEMPLO 7.2** *A partir do sistema linear dado por (7.11), obtenha os pesos da quadratura de Newton-Cotes de ordem 2.*

**SOLUÇÃO** Para $n = 2$, o sistema linear (7.11) torna-se

$$\begin{bmatrix} 1 & 1 & 1 \\ 0 & 1/2 & 1 \\ 0 & 1/4 & 1 \end{bmatrix} \begin{bmatrix} w_0 \\ w_1 \\ w_2 \end{bmatrix} = \begin{bmatrix} 1 \\ 1/2 \\ 1/3 \end{bmatrix}.$$

que pode ser resolvido com a ajuda do algoritmo SLGauss (p. 61):

```
>> C = [1 1 1; 0 1/2 1; 0 1/4 1]; d = [1; 1/2; 1/3];
>> format rat
>> w = SLGauss(C, d)
w =
   1/6
   2/3
   1/6
```

Pode-se mostrar que os erros cometidos pelas regras de ordem 2k e 2k − 1 são proporcionais a $h^{\{2k+1\}}$. Nos problemas práticos, para se obter uma estimativa de erro relativo para $Q$, utiliza-se, em geral, a diferença relativa entre duas estimativas $Q_i$ e $Q_j$ calculadas por ordens distintas

$$\epsilon_{\text{rel}} \approx \frac{Q_i - Q_j}{Q_j},$$

com $j > i$ (em geral, usa-se $j = 2_i$).

**EXEMPLO 7.3** *Determine uma estimativa de erro relativo para a integral do Exemplo 7.1.*

**SOLUÇÃO** Como $Q_2 = 4{,}6623$ e $Q_4 = 4{,}6665$ tem-se

$$\begin{aligned}\epsilon_{\text{rel}} &\approx \frac{Q_2 - Q_4}{Q_4}\\ &\approx \frac{4{,}6623 - 4{,}6665}{4{,}6665}\\ &\approx -9{,}0130 \times 10^{-4}\end{aligned}$$

As duas estimativas compartilham 2 DSE.

## 7.3 Método de Newton-Cotes composto

O método de Newton-Cotes, tal como visto na seção anterior, é suficientemente *simples* para o cálculo manual, mas não é muito utilizado nas implementações computacionais. Isso ocorre por que, para ordens elevadas, o polinômio interpolador pode sofrer grandes oscilações (fenômeno de Runge, como visto no Capítulo 5) que interferem negativamente na precisão das estimativas.

Para corrigir esse problema, no **método de Newton-Cotes composto**, inicialmente divide-se o intervalo original $[a, b]$ em $m$ subintervalos (**composições**) de tamanho

$$H = \frac{b - a}{m}.$$

Em seguida, aplica-se o método de Newton-Cotes *simples* com uma regra de ordem $n$ baixa em cada subintervalo, obtendo-se $m$ resultados parciais $S_j$. O resultado final é obtido, somando-se os resultados parciais:

$$Q_{m,n} = \sum_{j=1}^{m} S_j, \quad \text{com} \quad S_j = H \sum_{i=0}^{n} w_i f(x_i).$$

A Figura 7.2 mostra o esquema para 3 composições de ordem 2.

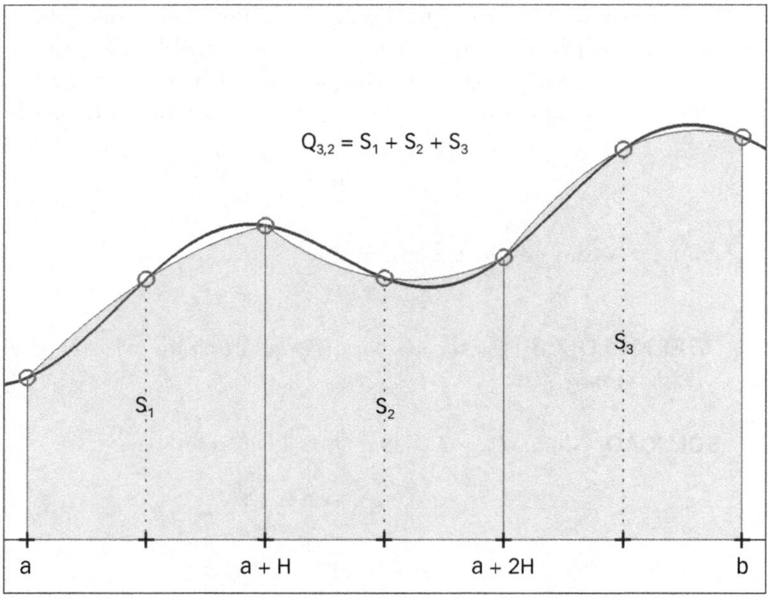


**FIGURA 7.2** Quadratura NC composta: 3 composições, ordem 2.

**EXEMPLO 7.4** *Determine uma estimativa $Q_{3,2}$ para a integral do Exemplo 7.1, usando $m = 3$ composições do método de Newton-Cotes de ordem $n = 2$.*

**SOLUÇÃO** O intervalo original de $a = 1$ até $b = 4$ deve ser dividido em $m = 3$ intervalos de tamanho $H = \frac{b-a}{m} = \frac{4-1}{3} = 1{,}0000$. Por sua vez, esses intervalos são subdivididos em $n = 2$ subintervalos de tamanho $h = H/n = 1/2 = 0{,}5000$.

Em cada composição $j$ obtemos uma estimativa parcial $S_j$ da integral:

$$\begin{aligned} S_1 &= H \sum_i w_i f(x_i) \\ &= 1{,}0000 \cdot (0{,}1667 \cdot 1{,}0000 + 0{,}6667 \cdot 1{,}2247 + 0{,}1667 \cdot 1{,}4142) \\ &= 1{,}2189 \end{aligned}$$

$$\begin{aligned} S_2 &= H \sum_i w_i f(x_i) \\ &= 1{,}0000 \cdot (0{,}1667 \cdot 1{,}4142 + 0{,}6667 \cdot 1{,}5851 + 0{,}1667 \cdot 1{,}7321) \\ &= 1{,}5785 \end{aligned}$$

$$\begin{aligned} S_3 &= H \sum_i w_i f(x_i) \\ &= 1{,}0000 \cdot (0{,}1667 \cdot 1{,}7321 + 0{,}6667 \cdot 1{,}8708 + 0{,}1667 \cdot 2{,}0000) \\ &= 1{,}8692 \end{aligned}$$

A tabela a seguir sistematiza os valores calculados:

| $j$ | $i$ | $x_i$ | $f(x_i)$ | $w_i$ | $S_j$ |
|---|---|---|---|---|---|
| 1 | 0 | 1,0000 | 1,0000 | 0,1667 | |
| | 1 | 1,5000 | 1,2247 | 0,6667 | |
| | 2 | 2,0000 | 1,4142 | 0,1667 | 1,2189 |
| 2 | 0 | 2,0000 | 1,4142 | 0,1667 | |
| | 1 | 2,5000 | 1,5851 | 0,6667 | |
| | 2 | 3,0000 | 1,7321 | 0,1667 | 1,5785 |
| 3 | 0 | 3,0000 | 1,7321 | 0,1667 | |
| | 1 | 3,5000 | 1,8708 | 0,6667 | |
| | 2 | 4,0000 | 2,0000 | 0,1667 | 1,8692 |

A estimativa final é dada pela soma das estimativas parciais:

$$Q_{3,2} = \sum_j S_j = 1{,}2189 + 1{,}5785 + 1{,}8692 = 4{,}6666$$

Comparando o resultado acima com o valor exato, obtemos erro relativo $\epsilon_{\text{rel}} = -1{,}4286 \times 10^{-5}$ (4 DSE). O método de NC composto produz, em geral, melhores estimativas que o método de NC simples com a mesma quantidade de nodos. A implementação do método de Newton-Cotes composto não é muito complicada e é deixada como exercício (veja o Problema 7.12).

## 7.4 Método de Newton-Cotes adaptável

O método de Newton-Cotes composto, visto na seção anterior, é bastante *preciso*, mas não é muito *eficiente* (do ponto de vista computacional), pois realiza a mesma quantidade de avaliações da função, tanto em partes mais "suaves" (sujeitas a menor erro) quanto em partes menos suaves (sujeitas a maior erro).

Uma alternativa mais eficiente, denominada de **método de Newton-Cotes adaptável**, consiste em estimar a integral em um dado intervalo por meio de duas fórmulas distintas e compará-las. Caso as estimativas sejam suficientemente próximas entre si, o processo termina. Caso contrário, o intervalo é subdividido e o processo é repetido de forma recursiva.

A Figura 7.3 mostra como se distribuem os pontos de avaliação de uma função no método de Newton-Cotes adaptável. Os passos do método são os seguintes:

**Passo 1:** Fazer uma estimativa

$$Q_{1,2} = \frac{b-a}{6}[f(a) + 4f(c) + f(b)]$$

para a integral no intervalo $[a, b]$ usando uma fórmula simples de ordem 2·

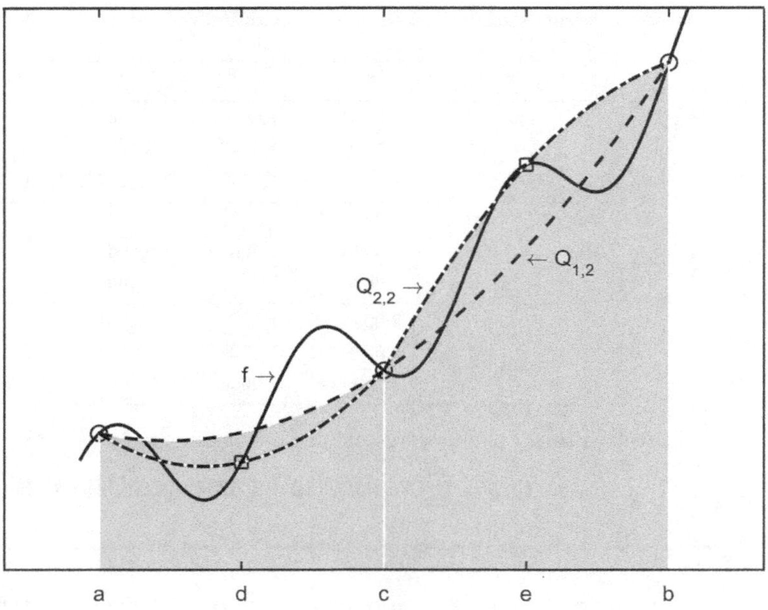


**FIGURA 7.3** Determinação de $Q_{1,2}$ e $Q_{2,2}$ no método de Newton-Cotes adaptável (ordem 2).

**Passo 2:** Subdividir o intervalo original em dois: $[a, c]$ e $[c, b]$ e fazer uma estimativa composta

$$Q_{2,2} = \frac{b-a}{12}[f(a) + 4f(d) + 2f(c) + 4f(e) + f(b)]$$

usando a fórmula de ordem 2 em cada subintervalo.

**Passo 3:** Se a diferença relativa entre $Q_{1,2}$ e $Q_{2,2}$ é suficientemente pequena, menor que uma tolerância pré-especificada, o método termina. Caso contrário, o método é reaplicado *recursivamente* aos subintervalos $[a, c]$ e $[c, b]$. Os algoritmos QuadNCAdapt e QuadRec sistematizam o método.

**Algoritmo 18** QuadNCAdapt

**entrada** : $f$, $a$, $c$, $b$, $tol$, $k_{\max}$
**saída** : $Q$, $\epsilon_{\text{rel}}$, $k$
*Inicialização*
1: $k \leftarrow 0$
2: $c \leftarrow (a + b)/2$
3: $f_a \leftarrow f(a)$
4: $f_c \leftarrow f(c)$

5:     $f_b \leftarrow f(b)$
       *Chamada inicial da função recursiva*
6:     $[Q, \epsilon_{rel}, k] \leftarrow$ QUADREC$(f, a, c, b, f_a, f_c, f_b, k, tol, k_{max})$
7:     **fim**

---

**Algoritmo 19** QUADREC

      **entrada** : $f, a, c, b, f_a, f_c, f_b, k, tol, k_{max}$
      **saída** : $Q, \epsilon_{rel}, k$
      *Inicialização*
1:     $k \leftarrow k + 1$
2:     $d \leftarrow (a + c)/2$
3:     $e \leftarrow (c + b)/2$
4:     $f_d \leftarrow f(d)$
5:     $f_e \leftarrow f(e)$
      *Estimativas*
6:     $Q_{1,2} \leftarrow \dfrac{b-a}{6}(f_a + 4f_c + f_b)$
7:     $Q_{2,2} \leftarrow \dfrac{b-a}{12}(f_a + 4f_d + 2f_c + 4f_e + f_b)$
8:     $\epsilon_{rel} \leftarrow$ ERROREL$(Q_{1,2}, Q_{2,2})$
9:     **se** ($|\epsilon_{rel}| \leq tol$ **e** $k \geq 3$) **ou** $k \geq k_{max}$
        *Retorno*
10:      $Q \leftarrow Q_{2,2} + (Q_{2,2} - Q_{1,2})/15$
11:     **senão**
        *Recursão*
12:      $[Q_E, \epsilon_{relE}, k_E] \leftarrow$ QUADREC$(f, a, d, c, f_a, f_d, f_c, k, tol, k_{max})$
13:      $[Q_D, \epsilon_{relD}, k_D] \leftarrow$ QUADREC$(f, c, e, b, f_c, f_e, f_b, k, tol, k_{max})$
14:      $Q \leftarrow Q_E + Q_D$
15:      $\epsilon_{rel} \leftarrow \dfrac{\epsilon_{relE} \cdot Q_E + \epsilon_{relD} \cdot Q_D}{Q_E + Q_D}$
16:      $k \leftarrow \max(k_E, k_D)$
17:     **fim**

No passo 10 do algoritmo QuadRec, é feita uma estimativa para $\hat{Q}$ a partir de $Q_{1,2}$ e $Q_{2,2}$, denominada extrapolação de Romberg[5]. Pode-se mostrar (Mathews, 1992) que se $Q_{1,2}$ e $Q_{2,2}$ são estimativas para $\hat{Q}$ usando, respectivamente, 1 e 2 composições de ordem 2 (regra de Simpson), então

$$\hat{Q} - Q_{2,2} \approx \frac{\hat{Q} - Q_{1,2}}{16}. \tag{7.12}$$

Isolando $\hat{Q}$ na expressão acima, obtemos $\hat{Q} \approx Q_{2,2} + (Q_{2,2} - Q_{1,2})/15$ (ver Problema 7.13).

No passo 14, a estimativa de integral $Q$ sobre todo o intervalo é feita pela soma da parcela da esquerda $Q_E$ e da direita $Q_D$. No passo 15, estima-se o erro relativo total pela média ponderada dos erros relativos em cada parcela (ver Problema 2.26).

**Observações** Convém verificar algumas características importantes do método de Newton-Cotes adaptável:

1. A eficiência do método está na seleção de quais regiões terão mais avaliações e quais terão menos avaliações. Veja, na Figura 7.4, que nas regiões *menos* suaves da função o algoritmo utiliza *mais* pontos de avaliação da função e que nas *mais* suaves utiliza *menos* pontos.
2. Outra vantagem do método é que ele fornece uma estimativa de erro para a integral. Detalhe que não é explicitamente fornecido pelos outros métodos.
3. O método é um exemplo de abordagem *Divisão-e-Conquista*, como descrita na Teoria de Algoritmos (Toscani; Veloso, 2001), e essa ideia é utilizada em outros métodos numéricos.

**Usando o MATLAB** Para determinar o valor de uma integral definida, usar o comando `quad`.

```
>> format long
>> f = @(x) sqrt(x);
>> a = 1;
>> b = 4;
>> Q = quad(f, a, b)
Q = 4.666666648763247
```

Este recurso utiliza, basicamente, o método de Newton-Cotes adaptável, que descrevemos com uma tolerância na ordem de $10^{-6}$. A implementação toma algumas salvaguardas contra singularidades (Gander; Gautschi, 2000).

[5] Werner Romberg (1909-2003), físico e matemático alemão. Por conta do regime nazista e da guerra na Europa, precisou migrar por países da Europa diversas vezes: Ucrânia (1934), Checoslováquia (1937), Noruega (1938), Suécia (1940), novamente Noruega (1947) e finalmente retornou à Alemanha (1968). Em 1955, publicou seu *Vereinfachte Numerische Integration*, contendo o método de integração numérica que leva seu nome. Embora tenha se graduado em física, é reconhecido por suas contribuições à matemática aplicada, aos métodos numéricos e à computação digital (O'Connor; Robertson, 2015).

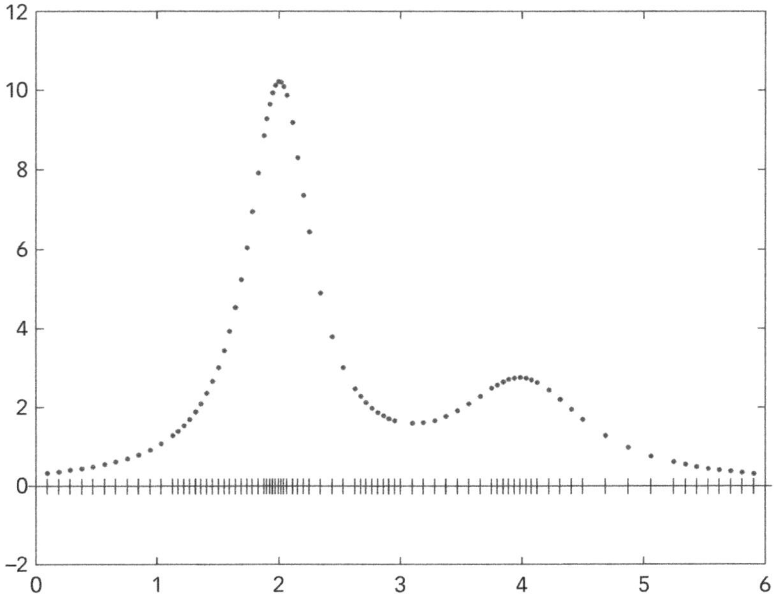


**FIGURA 7.4** Pontos de avaliação de $f$ no método de Newton-Cotes adaptável.

## 7.5 Método do *spline* cúbico

Nos métodos de Newton-Cotes vistos até agora, a integral definida (7.1) é estimada a partir da integração de uma *função interpoladora* polinomial ou polinomial por partes da função integrada $f$. A ideia básica do **método do *spline* cúbico** é interpolar $f$, a partir dos nodos dados, por um *spline* cúbico (como visto na Seção 5.4) e estimar o valor de sua integral definida.

Se o intervalo $[a, b]$ é particionado por $n$ nodos tais que

$$a = x_1 < x_2 < \ldots < x_n = b$$

e o *spline* $S(x)$ dado por (5.8) e (5.9), então temos

$$\begin{aligned} Q &= \int_a^b f(x)\, dx \\ &\approx \int_a^b S(x)\, dx \\ &\approx \sum_{k=1}^{n-1} \int_{x_k}^{x_{k+1}} s_k(x)\, dx \\ &\approx \sum_{k=1}^{n-1} \int_{x_k}^{x_{k+1}} \left[a_k(x-x_k)^3 + b_k(x-x_k)^2 + c_k(x-x_k) + d_k\right] dx \end{aligned} \quad (7.13)$$

A resolução da integral (7.13) não é complicada (veja Problema 7.21). Fazendo $h_k = x_{k+1} - x_k$ o tamanho do $k$-ésimo subintervalo, obtemos a fórmula da quadratura pelo método dos *splines*:

$$Q = \sum_{k=1}^{n-1} \left( \frac{a_k}{4} h_k^4 + \frac{b_k}{3} h_k^3 + \frac{c_k}{2} h_k^2 + d_k h_k \right) \tag{7.14}$$

**EXEMPLO 7.5** *Reconsidere os nodos dados no Exemplo 5.1. Determine a integral definida de f no intervalo de 0 a 6 aplicando o método dos splines cúbicos.*

**SOLUÇÃO** Os nodos são

| $x$ | 0,0 | 1,0 | 4,0 | 6,0 |
|---|---|---|---|---|
| $y$ | 1,0 | 2,3 | 2,2 | 3,7 |

Os coeficientes do *spline* cúbico interpolador já foram determinados no Exemplo 5.3:

| $k$ | $a_k$ | $b_k$ | $c_k$ | $d_k$ |
|---|---|---|---|---|
| 1 | −0,2209 | 0,0000 | 1,5209 | 1,0000 |
| 2 | 0,1218 | −0,6627 | 0,8582 | 2,3000 |
| 3 | −0,0723 | 0,4338 | 0,1716 | 2,2000 |

Portanto, necessitamos apenas calcular a integral a partir de (7.14):

$$\begin{aligned}
Q &= \sum_{k=1}^{n-1} \left( \frac{a_k}{4} h_k^4 + \frac{b_k}{3} h_k^3 + \frac{c_k}{2} h_k^2 + d_k h_k \right) \\
&= \frac{-0{,}2209}{4} \cdot 1^4 + \frac{0{,}0000}{3} \cdot 1^3 + \frac{1{,}5209}{2} \cdot 1^2 + 1{,}0000 \cdot 1 \quad + \\
&\quad \frac{0{,}1218}{4} \cdot 3^4 + \frac{-0{,}6627}{3} \cdot 3^3 + \frac{0{,}8582}{2} \cdot 3^2 + 2{,}3000 \cdot 3 \quad + \\
&\quad \frac{-0{,}0723}{4} \cdot 2^4 + \frac{0{,}4338}{3} \cdot 2^3 + \frac{0{,}1716}{2} \cdot 2^2 + 2{,}2000 \cdot 2 \\
&= 1{,}7052 + 7{,}2650 + 5{,}6108 \\
&= 14{,}5810
\end{aligned}$$

A Figura 7.5 mostra os nodos, a curva do *spline* e as áreas sob cada subintervalo.

Para efeito de comparação, integrando o polinômio interpolador em (5.4), obtém-se $Q_p = 14.3400$. A diferença relativa desses valores é uma estimativa para o erro relativo: $\epsilon_{\text{rel}} \approx -0{,}0165$ (1 DSE).

O algoritmo QUADSPLINE3 implementa a quadratura pelo método dos *splines* cúbicos. Observe que na linha 6 a fórmula está com o termo $h$ fatorado como na forma de Horner, o que diminui o número de operações aritméticas.

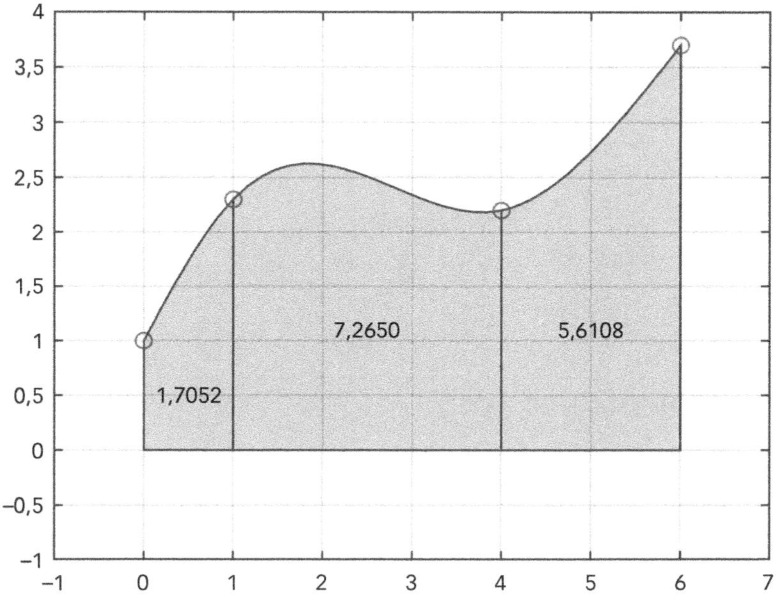


**FIGURA 7.5** Integração por *splines*.

---

**Algoritmo 20** QUADSPLINE3

---

**entrada** : $\mathbf{x}$, $\mathbf{y}$

**saída** : $Q$

*Matriz de coeficientes do spline*

$\mathbf{C} \leftarrow$ COEFSPLINE3($\mathbf{x}$, $\mathbf{y}$)

*Estimativa para Q*

$n \leftarrow$ tamanho de $\mathbf{x}$

$Q \leftarrow 0$

**para** $k \leftarrow 1 : n - 1$

    $h \leftarrow x_{k+1} - x_k$

    $Q \leftarrow Q + \left(\left(\left(\frac{C_{k,1}}{4} h + \frac{C_{k,2}}{3}\right) h + \frac{C_{k,3}}{2}\right) h + C_{k,4}\right) h$

**fim**

## 7.6 Problemas

### Newton-Cotes simples

*Para as integrais dadas nos Problemas 7.1 a 7.4, (a) aplique as fórmulas de Newton--Cotes de ordem 1, 2, 3 e 4 para estimar as integrais, (b) determine o valor exato de cada integral (resolva analiticamente) e (c) determine o erro relativo de cada estimativa feita no item (a).*

**7.1.** ✎ $\int_{-1}^{1} e^{x}\, dx$.

**7.2.** ✎ $\int_{1}^{e} \frac{1}{x}\, dx$.

**7.3.** ✎ $\int_{0}^{\pi} \text{sen}(x)\, dx$.

**7.4.** ✎ $\int_{-1}^{1} (x+1)^2\,(x-1)^2\, dx$.

**7.5.** ✎ Resolva o sistema linear (7.11) para encontrar os pesos da quadratura de Newton-Cotes de ordem $n = 4$.

**7.6.** Resolva o sistema linear (7.11) para encontrar os pesos da quadratura de Newton--Cotes de ordem $n = 10$. Use `format long` para visualizar os resultados.

**7.7.** ☞ Estude cuidadosamente o método de Newton-Cotes simples e implemente uma *function* `[Q] = QuadNC(f, a, b, n)` que recebe uma função $f$, os extremos $a$ e $b$ do intervalo de integração e a ordem $n$ (1, 2, 3 ou 4) e retorna uma estimativa $Q$ para a integral. Para verificar a correção da implementação, refaça o Exemplo 7.1.

### Newton-Cotes composto

*Para as integrais dadas nos Problemas 7.8 a 7.11, (a) determine $Q_{6,1}$, uma estimativa para a integral usando $m = 6$ composições do método de Newton-Cotes de ordem $n = 1$, (b) determine $Q_{3,2}$, uma estimativa para a integral usando $m = 3$ composições do método de Newton Cotes de ordem $n = 2$ [repare que os nodos são os mesmos, os pesos é que mudam] e (c) determine a diferença relativa entre $Q_{6,1}$ e $Q_{3,2}$.*

**7.8.** ✎ Integral do Problema 7.1.

**7.9.** ✎ Integral do Problema 7.2.

**7.10.** ✎ Integral do Problema 7.3.

**7.11.** ✎ Integral do Problema 7.4.

**7.12.** ☞ Estude cuidadosamente o método de Newton-Cotes composto e implemente uma *function* `Q = QuadNCComp(f, a, b, m, n)` que recebe uma função $f$, os extremos $a$ e $b$ do intervalo de integração, o número $m$ de composições para as fórmulas de ordem $n$ (1, 2, 3 ou 4) e retorna uma estimativa $Q$ para a integral. Para verificar a correção da implementação, refaça o Exemplo 7.4. Sugestão: utilize o programa implementado no Problema 7.7.

**7.13.** Considere a integral dada no Problema 7.1.

(a) Determine o valor exato $\hat{Q}$ da integral.

(b) Determine $Q_{1,2}$, $Q_{2,2}$, $Q_{4,2}$ e $Q_{8,2}$, estimativas para a integral usando $m = 1, 2, 4, 8$ composições do método de Newton-Cotes de ordem 2 (regra de Simpson).

(c) Verifique se a relação (7.12) é satisfeita, isto é, verifique se

$$t_m = \frac{\hat{Q} - Q_{m,2}}{\hat{Q} - Q_{2m,2}} \approx 16,$$

para $m = 1, 2, 4$.

**7.14.** Devido a sua estrutura simétrica, pode-se obter fórmulas "fechadas" para o método de Newton-Cotes composto. Mostre que a fórmula

$$Q_{m,1} = h \left[ \frac{1}{2}(f_0 + f_m) + \sum_{i=1}^{m-1} f_i \right]$$

com

$$f_i = f(x_i), \quad x_i = a + ih, \quad (i = 0, \ldots, m) \quad \text{e} \quad h = \frac{b-a}{m}$$

é equivalente a $m$ composições de ordem 1 (Spiegel; Lipschutz; Liu, 2011).

## Newton-Cotes adaptável

**7.15.** ☞ Implemente os algoritmos QuadNCAdapt e QuadRec na sua linguagem preferida. Para verificar a correção da implementação, compare as aproximações obtidas com os valores exatos das integrais dos Problemas 7.1 a 7.4.

*As integrais dadas nos Problemas 7.16 a 7.19 não podem ser resolvidas analiticamente. Use o método de Newton-Cotes adaptável para estimar o valor das integrais com tol =* $0{,}5 \times 10^{-12}$ *e* $k_{max} = 15$.

**7.16.** Comprimento da curva $y = \text{sen}(t)$ no intervalo de 0 a $\pi$:

$$L = \int_0^{\pi} \sqrt{1 + \cos^2(t)}\, dt.$$

**7.17.** Função Erro. Use $x = 1$:

$$\text{Erf}(x) = \frac{2}{\sqrt{\pi}} \int_0^{x} e^{-t^2}\, dt.$$

**7.18.** Integral elíptica completa de 1ª espécie. Use $k = 0{,}5$:

$$K(k) = \int_0^{\pi/2} \frac{1}{\sqrt{1 - k^2 \,\text{sen}^2(t)}}\, dt.$$

**7.19.** Integral de Fresnel[6]. Use $x = 1$:

$$C(x) = \int_0^x \cos\left(\frac{\pi}{2}t^2\right)\,dt.$$

### *Splines*

**7.20.** ✎ Reconsidere o Problema 5.14. Com os *splines* obtidos, estime a integral de $f$ no intervalo dado.

**7.21.** ✎ Faça a integração indicada na equação (7.13) e obtenha a equação (7.14).

**7.22.** ☞ Implemente o algoritmo QUADSPLINE3 na sua linguagem preferida. Para verificar a correção da implementação, refaça o Exemplo 7.5.

**7.23.** A figura a seguir mostra o fluxo de veículos na rodovia BR-290, no sentido capital-litoral, na véspera de fim-de-ano (30/12/2014) [TRIUNFO CONCEPA c2016]. O fluxo, medido de hora em hora, é dado em veículos por minuto. Use a quadratura por *splines* para estimar a quantidade total de veículos que trafegaram pela rodovia no período de 24 horas. Dica: cuidado com as unidade de medida.

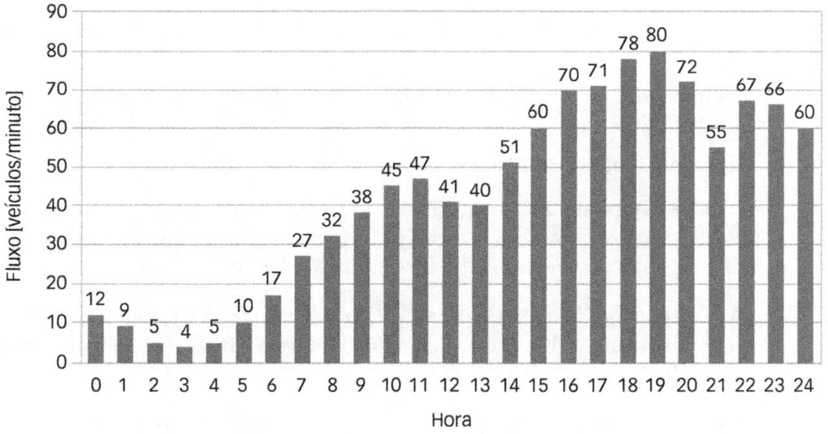


### Tópicos diversos

**7.24.** Os métodos de Newton-Cotes simples e *splines não* são equivalentes. Para verificar isso, considere a integral do Problema 7.1:

(a) Encontre estimativas para a integral usando o método de Newton-Cotes simples com ordens 1, 2, 3 e 4.

---

[6] Augustin-Jean Fresnel (1788-1827), engenheiro e físico francês. Suas mais importantes contribuições estão no estudo do comportamento ondulatório da luz, tanto de forma experimental quanto teórica. As *integrais de Fresnel* surgem da descrição do campo distante em fenômenos de difração óptica (Wikipedia, 2015).

(b) Usando os mesmos conjuntos de nodos, encontre estimativas usando o método dos *splines*.

(c) Determine a diferença relativa entre cada par de estimativas.

**7.25.** A cobertura parabólica do hangar de dirigíveis de Orly, França, foi um audacioso projeto de engenharia em concreto pré-tensionado para a sua época (1923). Destruído na 2ª Guerra Mundial, possuía cerca de 90 m de largura, 60 m de altura e 175 m de comprimento.

(a) Mostre que o arco parabólico pode ser descrito por

$$f(x) = H\left(1 - \frac{4x^2}{L^2}\right).$$

(b) Determine o comprimento $S$ do arco parabólico resolvendo

$$S = \int_{-L/2}^{L/2} \sqrt{1 + [f'(x)]^2}\, dx.$$

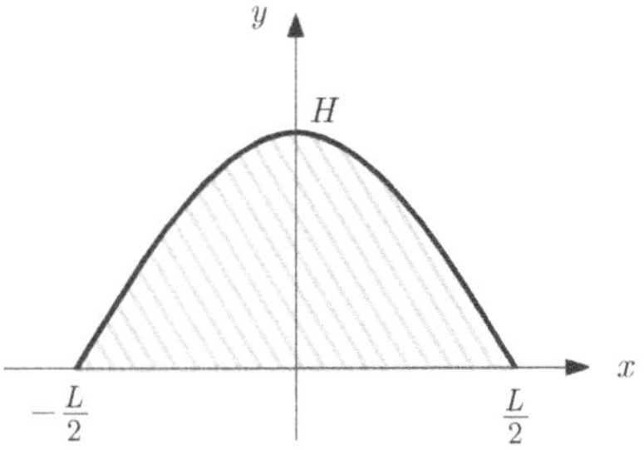


**Fonte:** Reddit (c2016)

**7.26.** Cada um dos tanques cilíndricos mostrados na figura a seguir tem, aproximadamente, diâmetro $D = 60$ cm e comprimento $C = 90$ cm. O tanque que está tombado contém líquido até a altura $h = 40$ cm.

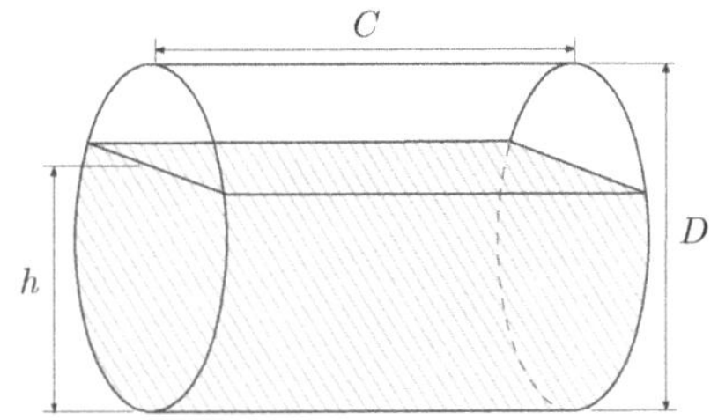


**Fonte:** rasslava/iStock/Thinkstock

O volume de líquido é dado pela integral

$$V(h) = 2C \int_0^h \sqrt{x(D-x)}\, dx.$$

(a) Determine uma estimativa numérica para o volume de líquido no tanque.

(b) Determine o erro relativo entre o resultado numérico obtido acima e o resultado exato obtido por

$$V(h) = C\left\{\frac{\pi D^2}{8} + \left(h - \frac{D}{2}\right)\sqrt{h(D-h)} - \frac{D^2}{4}\operatorname{arcsen}\left(1 - \frac{2h}{D}\right)\right\}.$$

CAPÍTULO 8

# Equações diferenciais ordinárias

## 8.1 Definição do problema

Equações *diferenciais* combinam uma função incógnita $u$ e suas derivadas: $u'$, $u''$,..., $u^{(k)}$. Se a função incógnita é dependente de apenas uma variável, a equação é dita *ordinária*. A *ordem* de uma equação diferencial é dada por sua derivada de mais alta ordem. As equações diferenciais podem ser definidas em um intervalo $I \subseteq \mathbb{R}^n$ e restritas a condições de contorno (ou iniciais) nas bordas do intervalo. Resolver uma equação diferencial implica determinar a função incógnita $u$ que satisfaz a equação e suas condições de contorno. Existem inúmeras maneiras de construir equações diferenciais e as técnicas de resolução dependem da classificação da equação (Boyce; DiPrima, 2002).

Um **Problema de Valor Inicial** (PVI) se constitui em uma equação diferencial ordinária cuja solução $u(t)$ está definida em um intervalo fechado $[a, b]$ e restrita a assumir um valor especificado no início do intervalo:

$$\begin{cases} u' = F(t, u) & \text{(equação diferencial)} \\ a \leq t \leq b & \text{(intervalo)} \\ u(a) = u_a & \text{(valor inicial)} \end{cases}$$

onde a função $F$ determina a derivada $u'$ em termos de $t$ e da própria função incógnita a $u$.

A resolução *numérica* de um PVI consiste em determinar os valores de $u(t_i)$ para um conjunto de nodos $t_i$ em $[a, b]$:

$$a = t_1 < t_2 < \ldots < t_n = b.$$

Se o método de resolução utiliza nodos igualmente espaçados ($t_{i+1} = t_i + h$), dizemos que ele é de *passo fixo*. Caso contrário, é de *passo variável*. Neste capítulo, serão abordados alguns métodos de passo fixo.

## 8.2 Método de Euler

O método de Euler[1] toma por base a expansão de $u$ em sua série de Taylor:

$$u(t+h) = u(t) + u'(t)h + \frac{u''(t)h^2}{2!} + \cdots + \frac{u^{(k)}(\xi)h^k}{k!}. \qquad (8.1)$$

Truncando a série a partir do segundo termo, obtém-se a aproximação

$$u(t+h) \approx u(t) + u'(t)h.$$

Trocando $t$ por $t_i$ e $u'(t)$ por $F(t_i, u_i)$, temos

$$u(t_i + h) \approx u(t_i) + F(t_i, u_i)h.$$

Assim obtemos as fórmulas recursivas:

$$\begin{cases} t_{i+1} = t_i + h \\ u_{i+1} = u_i + F(t_i, u_i)h. \end{cases}$$

**EXEMPLO 8.1** *Use o método de Euler para resolver o PVI*

$$\begin{cases} u' = 1 + t - 2u \\ 0 \le t \le 1 \\ u(0) = 1 \end{cases}$$

*com passo* $h = 0{,}2$.

**SOLUÇÃO** Das condições iniciais, temos

$$t_1 = 0; \quad u_1 = 1.$$

Das fórmulas recursivas, temos $F(t_i, u_i) = 1 + t_i - 2u_i$. E, assim:

$$\begin{aligned} t_2 &= t_1 + h = 0 + 0{,}2 = 0{,}2 \\ u_2 &= u_1 + F(t_1, u_1)h \\ &= 1 + F(0,1) \cdot 0{,}2 \\ &= 1 - 1 \cdot 0{,}2 \\ &= 0{,}8 \end{aligned}$$

[1] Leonhard Euler (1707-1783), matemático suíço, fez inúmeras contribuições para a matemática e a física, incluindo geometria analítica, trigonometria, geometria, cálculo e teoria dos números. A produção científica de Euler é surpreendente: por 50 anos após a sua morte, a Academia de Ciências de São Petersburgo ainda publicava seus artigos inéditos. Devemos a Euler algumas notações como $f(x)$ para funções, $e$ para a base dos logaritmos naturais, $i$ para a unidade imaginária, $\pi$ para a razão entre a circunferência e o diâmetro de um círculo, $\Sigma$ para o somatório, $\Delta y$, $\Delta^2 y$, ... para diferenças finitas e muitas outras (O'Connor; Robertson, 2015).

A tabela a seguir mostra os valores obtidos para os pontos seguintes.

| $i$ | $t_i$ | $u_i$ | $F(t_i, u_i)$ |
|---|---|---|---|
| 1 | 0,0000 | 1,0000 | −1,0000 |
| 2 | 0,2000 | 0,8000 | −0,4000 |
| 3 | 0,4000 | 0,7200 | −0,0400 |
| 4 | 0,6000 | 0,7120 | 0,1760 |
| 5 | 0,8000 | 0,7472 | 0,3056 |
| 6 | 1,0000 | 0,8083 | – |

A Figura 8.1 mostra os valores calculados.

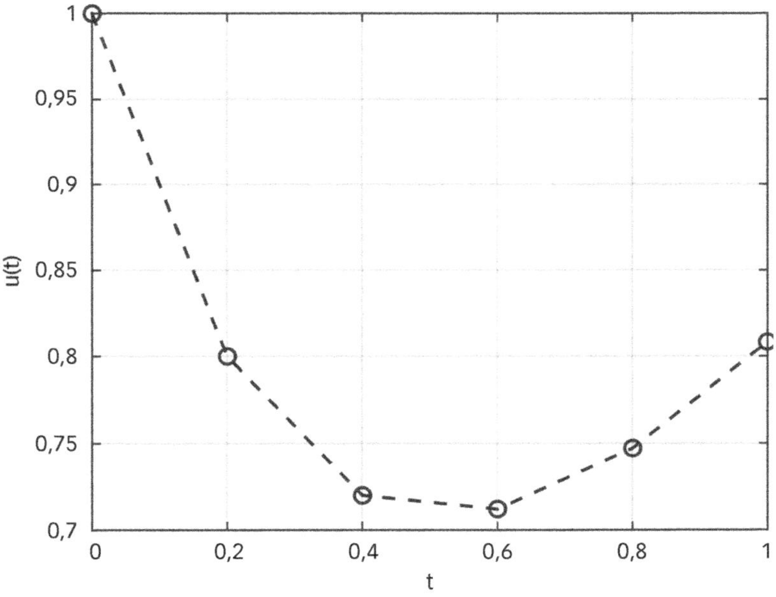


**FIGURA 8.1** Solução do PVI com o método de Euler ($h = 0{,}2$).

O algoritmo EDOEuler sistematiza o método de Euler.
A solução exata (analítica) do PVI dado no Exemplo 8.1 é

$$\hat{u}(t) = \frac{1}{4}\left(3e^{-2t} + 2t + 1\right), \tag{8.2}$$

(veja o Problema 8.1). A tabela a seguir mostra os valores $u_i$ calculados pelo método de Euler com passo $h = 0{,}2$, os valores exatos $\hat{u}_i$ e os erros $E = u - \hat{u}$.

| $i$ | $u_i$ | $\hat{u}_i$ | $\epsilon$ |
|---|---|---|---|
| 1 | 1,0000 | 1,0000 | 0,0000 |
| 2 | 0,8000 | 0,8527 | -0,0527 |
| 3 | 0,7200 | 0,7870 | -0,0670 |
| 4 | 0,7120 | 0,7759 | -0,0639 |
| 5 | 0,7472 | 0,8014 | -0,0542 |
| 6 | 0,8083 | 0,8515 | -0,0432 |

O erro máximo cometido é $\epsilon_{\max} = 0{,}0670$. Pode-se mostrar (Black; Moore, 2015) que $\epsilon_{\max} = O(h)$, isto é, o erro é proporcional ao tamanho do passo. Para $h = 0{,}1$, obtemos $\epsilon_{\max} = 0{,}0301$, e para $h = 0{,}05$, temos $\epsilon_{\max} = 0{,}0144$.

A Figura 8.2 mostra as estimativas de solução para o PVI do Exemplo 8.1 com $h = 0{,}2$, $h = 0{,}1$ e $h = 0{,}01$. Mostra também a solução exata dada por (8.1).

**Algoritmo 21** EDOEULER

**entrada** : $F$, $a$, $b$, $u_a$, $h$
**saída** : $\mathbf{t}$, $\mathbf{u}$
*Inicialização*
$n \leftarrow \lfloor 1 + (b - a)/h \rfloor$
$\mathbf{t} \leftarrow$ ZEROS($n$, 1)
$\mathbf{u} \leftarrow$ ZEROS($n$, 1)
$i \leftarrow 1$
$t_i \leftarrow a$
$u_i \leftarrow u_a$
*Determinação de $u(t)$*
**enquanto** $t_i < b$
  $k \leftarrow F(t_i, u_i)$
  $t_{i+1} \leftarrow t_i + h$
  $u_{i+1} \leftarrow u_i + kh$
  $i \leftarrow i + 1$
**fim**

### 8.2.1 Métodos com base na série de Taylor

O método de Euler toma por base a expansão de $u$ em sua série de Taylor truncada a partir do segundo termo. Pode-se obter extensões do método, truncando a série em termos de ordem superior. Por exemplo, truncando (8.1) a partir do quarto termo, obtemos:

$$u_{i+1} \approx u_i + F(t_i,u_i)h + F'(t_i,u_i)\frac{h^2}{2!} + F''(t_i,u_i)\frac{h^3}{3!}. \tag{8.3}$$

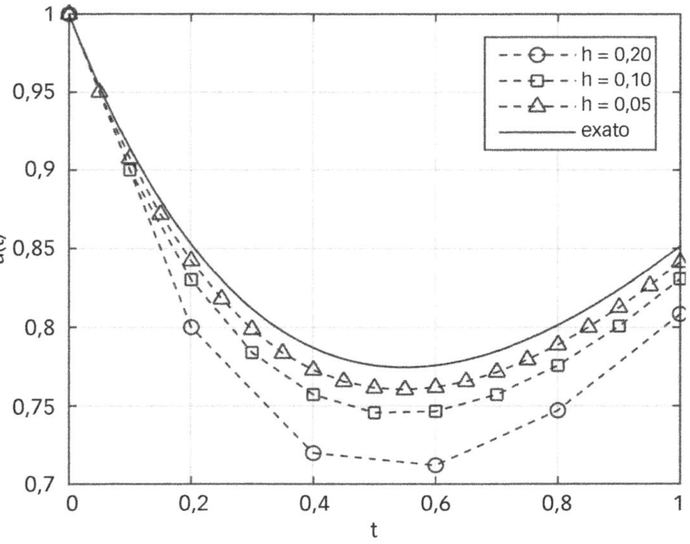


**FIGURA 8.2** No método de Euler, o erro $\epsilon$ é proporcional ao passo $h$.

Observe que as derivadas $F'$ e $F''$ são dadas por

$$F'(t,u) = \frac{\partial}{\partial t}F(t,u) + \frac{\partial}{\partial u}F(t,u) \cdot u',$$
$$F''(t,u) = \frac{\partial}{\partial t}F'(t,u) + \frac{\partial}{\partial u}F'(t,u) \cdot u'.$$

Com esse método se obtém boas aproximações (veja o Problema 8.17). No entanto, exige a determinação das derivadas de ordem superior de $F$, o que nem sempre é viável.

## 8.3 Método de Runge-Kutta

O método de Runge[2]-Kutta[3] pode ser visto como um desenvolvimento do método de Euler. Se a função $u(t)$ for contínua e diferenciável no intervalo $(a, b)$, então a equação diferencial

$$u'(t) = F(t, u)$$

[2] Carle David Tolmé Runge (1856-1927), físico-matemático alemão. Desenvolveu o seu método numérico para a resolução das equações diferenciais que surgem do estudo de espectros atômicos. Seu trabalho seminal *Über die numerisehe Auftising yon Diferentialgleichungen* foi escrito em 1895. O problema da oscilação do polinômio interpolador nos extremos de um intervalo (Cap. 5) foi descrito em seu *Über emperische functionen und die interpolation zwischen iquidistanten ordinaten* de 1901. Runge sempre foi atlético e ativo, na festa de aniversário de 70 anos divertiu seu netos e amigos "plantando bananeira" (Forsythe; Malcolm; Moler, 1977; Meijering, 2002; O'Connor; Robertson, 2015).

[3] Martin Wilhelm Kutta (1867-1944), engenheiro alemão. Sua tese de doutorado, *Beitrige zur niherungsweisen Integration totaler Diferentialgleichungen*, de 1900, contém o desenvolvimento até a ordem 5ª do hoje denominados métodos de Runge-Kutta (Butcher, 1996; O'Connor; Robertson, 2015).

que pode ser integrada no intervalo $[t_i, t_{i+1}]$ coms

$$\int_{t_i}^{t_{i+1}} u'(s)\,ds = \int_{t_i}^{t_{i+1}} F(s,u(s))\,ds.$$

obtendo

$$\begin{aligned} u_{i+1} &= u_i + \int_{t_i}^{t_{i+1}} F(\tau,u(\tau))\,d\tau \\ &= u_i + Q_i. \end{aligned} \tag{8.4}$$

Para encontrar $u_{i+1}$, devemos *estimar* o valor da integral $Q_i$, já que não se conhece $u(s)$ nem $F(s, u(s))$. Veja a Figura 8.3.

Uma forma de estimar a integral em (8.4), o **método de Euler**, é fazer

$$Q_i \approx F(t_i, u_i)h,$$

que nada mais é do que aplicar a *regra do retângulo* do método de Newton--Cotes (como visto no Capítulo 7) com o nodo no *início* do intervalo $[t_i, t_{i+1}]$.

Um modo engenhoso de melhorar essa estimativa é usar a *regra do trapézio* calculada no *início* e no *fim* do intervalo $[t_i, t_{i+1}]$:

$$\begin{aligned} k_1 &= F(t_i, u_i) \\ k_2 &= F(t_i + h, u_i + k_1 h) \\ u_{i+1} &= u_i + \tfrac{1}{2}(k_1 + k_2)h \end{aligned}$$

que dá origem ao método de **Runge-Kutta de ordem 2**, pois $\epsilon_{\max} = O(h^2)$. Observe que $k_1$ é o valor *exato* de $F$ em $t_i$, mas $k_2$ é uma *estimativa* para $F$ em $t_{i+1}$.

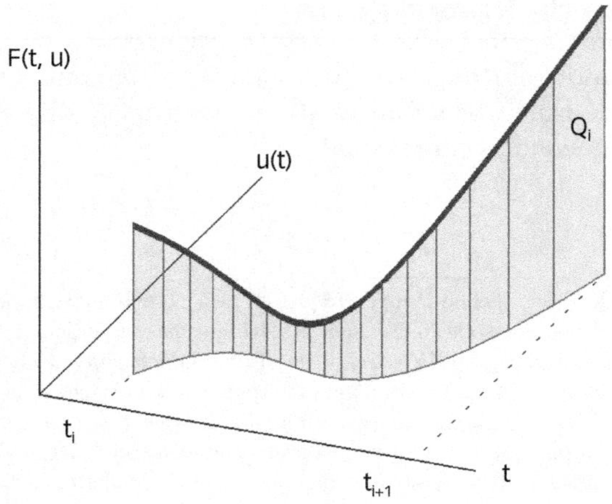


**FIGURA 8.3** O valor da integral $Q_i$ pode ser estimado por uma adaptação do método de Newton-Cotes.

Outra forma de estimar a integral em (8.4) é dada por uma adaptação da 1ª *regra de Simpson*:

$$\begin{aligned} k_1 &= F(t_i, u_i) \\ k_2 &= F(t_i + \tfrac{h}{2}, u_i + k_1\tfrac{h}{2}) \\ k_3 &= F(t_i + \tfrac{h}{2}, u_i + k_2\tfrac{h}{2}) \\ k_4 &= F(t_i + h, u_i + k_3 h) \\ u_{i+1} &= u_i + \tfrac{1}{6}\left(k_1 + 2k_2 + 2k_3 + k_4\right) h \end{aligned}$$

que dá origem ao método de **Runge-Kutta de ordem 4**, pois $\epsilon_{\max} = O(h^4)$. Observe que $k_1$ é o valor *exato* de $F$ no início do intervalo $[t_i,\ t_i + h]$, $k_2$ e $k_3$ são *estimativas* para $F$ no meio do intervalo e $k_4$ para $F$ no fim do intervalo.

A Figura 8.4 mostra, esquematicamente, os pontos de avaliação de $k = F\,(t,\ u)$ nos métodos de Runge-Kutta de ordem 2 e 4.

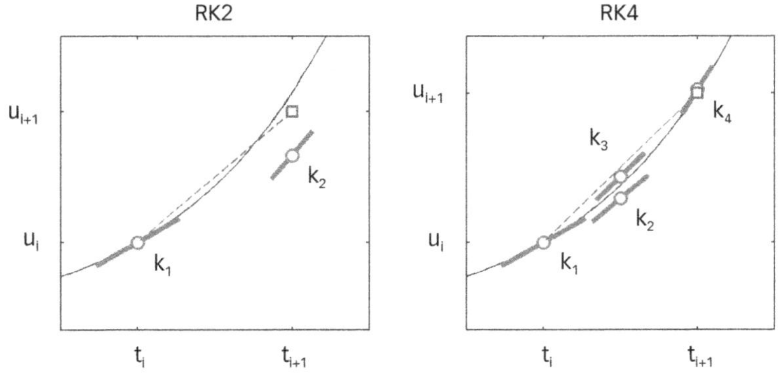


**FIGURA 8.4** Pontos de avaliação de $F\,(t,\ u)$ nos métodos de Runge-Kutta de ordem 2 e 4.

**EXEMPLO 8.2** *Use o método de Runge-Kutta de 4ª ordem para resolver o PVI dado no Exemplo 8.1 com passo* $h = 0{,}2$.

**SOLUÇÃO** Das condições iniciais, temos

$$t_1 = 0; \quad u_1 = 1.$$

Das fórmulas recursivas, temos $F\,(t_i,\ u_i) = 1 + t_i - 2u_i$. E, assim:

$$\begin{aligned} t_2 &= t_1 + h = 0 + 0{,}2 = 0{,}2 \\ k_1 &= F(t_i, u_i) = F(0,1) = -1{,}0000 \\ k_2 &= F(t_i + \tfrac{h}{2}, u_i + k_1\tfrac{h}{2}) = F(0{,}1; 0{,}9) = -0{,}7000 \\ k_3 &= F(t_i + \tfrac{h}{2}, u_i + k_2\tfrac{h}{2}) = F(0{,}1; 0{,}93) = -0{,}7600 \\ k_4 &= F(t_i + h, u_i + k_3 h) = F(0{,}2; 0{,}8480) = -0{,}4960 \\ k &= \tfrac{1}{6}\left(k_1 + 2k_2 + 2k_3 + k_4\right) = -0{,}7360 \\ u_{i+1} &= u_i + kh = 1 - 0{,}7360 \cdot 0{,}2 = 0{,}8528 \end{aligned}$$

A tabela a seguir mostra os valores obtidos para os pontos seguintes.

| $i$ | $t_i$ | $u_i$ | $k_1$ | $k_2$ | $k_3$ | $k_4$ | $k$ |
|---|---|---|---|---|---|---|---|
| 1 | 0,0 | 1,0000 | −1,0000 | −0,7000 | −0,7600 | −0,4960 | −0,7360 |
| 2 | 0,2 | 0,8528 | −0,5056 | −0,3045 | −0,3447 | −0,1677 | −0,3286 |
| 3 | 0,4 | 0,7871 | −0,1742 | −0,0393 | −0,0663 | 0,0524 | −0,0555 |
| 4 | 0,6 | 0,7760 | 0,0480 | 0,1384 | 0,1204 | 0,1999 | 0,1276 |
| 5 | 0,8 | 0,8015 | 0,1970 | 0,2576 | 0,2455 | 0,2988 | 0,2503 |
| 6 | 1,0 | 0,8516 | – | – | – | – | |

A Figura 8.5 mostra os valores calculados usando o método de Euler e o método de Runge-Kutta de ordem 4.

O algoritmo EDORK4 sistematiza o método de Runge-Kutta 4.

**Algoritmo 22** EDORK4

**entrada** : $F$, $a$, $b$, $u_a$, $h$
**saída** : **t**, **u**
*Inicialização*
$n \leftarrow 1 + (b - a)/h$
$\mathbf{t} \leftarrow \text{ZEROS}(n, 1)$
$\mathbf{u} \leftarrow \text{ZEROS}(n, 1)$
$i \leftarrow 1$
$t_i \leftarrow a$
$u_i \leftarrow u_a$
*Determinação de $u(t)$*
**enquanto** $t_i < b$
  $k_1 \leftarrow F\,(t_i,\, u_i)$
  $k_2 \leftarrow F(t_i + \frac{h}{2}, u_i + k_1\frac{h}{2})$
  $k_3 \leftarrow F(t_i + \frac{h}{2}, u_i + k_2\frac{h}{2})$
  $k_4 \leftarrow F\,(t_i + h,\, u_i + k_3 h)$
  $k \leftarrow \frac{1}{6}(k_1 + 2(k_2 + k_3) + k_4)$
  $t_{i+1} \leftarrow t_i + h$
  $u_{i+1} \leftarrow u_i + kh$
  $i \leftarrow i + 1$
**fim**

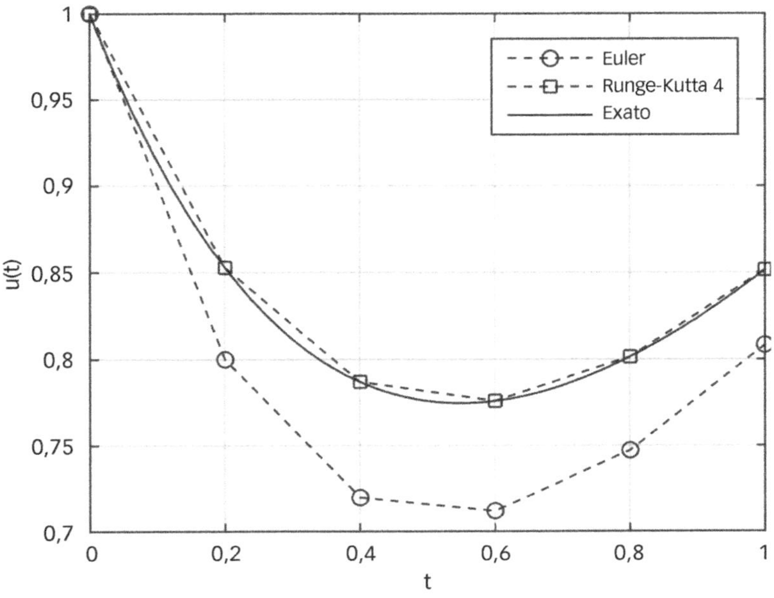


**FIGURA 8.5** Soluções do PVI com o método de Euler e Runge-Kutta 4 ($h = 0{,}2$).

O erro máximo cometido pelo método de Runge-Kutta de 4ª ordem no Exemplo 8.2 é $\epsilon_{\text{max}} = 8{,}0842 \times 10^{-5}$. Pode-se mostrar que $\epsilon_{\text{max}} = O(h^4)$, isto é, o erro é proporcional a 4ª potência do tamanho do passo, o que garante um DSE a mais cada vez que se divide o passo por 2: Para $h = 0{,}1$, temos $\epsilon_{\text{max}} = 4{,}3477 \times 10^{-6}$, e para $h = 0{,}05$, temos $E_{\text{max}} = 2{,}4993 \times 10^{-7}$. Na ausência da resposta exata, uma maneira usual de avaliar o erro cometido é comparar os valores obtidos para dois tamanhos de passo ($h$ e $h/2$).

**Usando o MATLAB** Para determinar a solução de um PVI, podemos usar o comando `ode45`.

```
>> F = @(t,u) 1 + t - 2*u
F =
    @(t,u)1+t-2*u
>> a = 0; b = 1; ua = 1;
>> [t, u] = ode45(F, [a b], ua)
t =      0  0.0250  0.0500 ... 0.9500  0.9750  1.0000
u = 1.0000  0.9759  0.9536 ... 0.8372  0.8442  0.8515
```

Este recurso utiliza o método de Runge-Kutta de ordem 4. Com a ajuda de um método de Runge-Kutta de ordem 5, o algoritmo consegue, a cada passo, estimar o erro cometido. O tamanho do passo pode ser reduzido ou aumentado comparando o erro estimado com uma tolerância dada. Esse tipo de método é denominado *passo variável*.

### 8.3.1 PVI acoplados e de segunda ordem

Um conjunto de funções $u_1(t)$, $u_2(t)$,..., $u_m(t)$ que devem satisfazer

$$\begin{cases} u_1' = F_1(t, u_1, u_2, \ldots, u_m) \\ u_2' = F_2(t, u_1, u_2, \ldots, u_m) \\ \cdots \\ u_m' = F_n(t, u_1, u_2, \ldots, u_m) \end{cases}$$

todas no intervalo $a \le t \le b$ com as condições iniciais

$$u_1(a) = u_{1a}, \quad u_2(a) = u_{2a}, \quad \ldots, \quad u_m(a) = u_{ma},$$

é dito um PVI **acoplado** com $m$ equações diferenciais e condições iniciais. O sistema pode ser descrito *vetorialmente* como

$$\begin{cases} \mathbf{u}' = \mathbf{F}(t, \mathbf{u}) \\ a \le t \le b \\ \mathbf{u}(a) = \mathbf{u}_a, \end{cases}$$

onde $\mathbf{u}$, $\mathbf{u}'$ e $\mathbf{u}_a$ são vetores de $m$ componentes.

Do ponto de vista computacional, os métodos de Euler e Runge-Kutta continuam válidos e os algoritmos podem ser adaptados para receber entradas *vetoriais*.

**Usando o MATLAB** Sendo `u` um vetor de duas componentes, pode-se definir uma função vetorial com

```
>> F = @(t, u) [2*u(1) - u(2), t - (u(2))^2]
```

**EXEMPLO 8.3** *Use o método de Runge-Kutta de 4ª ordem para resolver o PVI acoplado dado a seguir com $h = 0{,}2$.*

$$u_1' = 2u_1 - u_2$$
$$u_2' = t - u_2^2$$

*no intervalo $0 \le t \le 1$ com as condições iniciais*

$$u_1(0) = 1, \qquad u_2(0) = 2.$$

**SOLUÇÃO** A tabela abaixo mostra os valores obtidos para os pontos seguintes.

| $i$ | $t_i$ | $\mathbf{u}^{(i)}$ | | $\mathbf{k}$ | |
|---|---|---|---|---|---|
| 1 | 0,0 | [1,0000 | 2,0000] | [0,3630 | −2,7744] |
| 2 | 0,2 | [1,0726 | 1,4451] | [1,0376 | −1,3761] |
| 3 | 0,4 | [1,2801 | 1,1699] | [1,7993 | −0,6941] |
| 4 | 0,6 | [1,6400 | 1,0311] | [2,8048 | −0,2932] |
| 5 | 0,8 | [2,2009 | 0,9724] | [4,2240 | −0,0324] |
| 6 | 1,0 | [3,0457 | 0,9660] | | |

A Figura 8.6 mostra os valores calculados usando o método de Euler e o método de Runge-Kutta de ordem 4.

Um PVI de **segunda ordem** é descrito por

$$\begin{cases} u'' = F(t, u, u') \\ a \leq t \leq b \\ u(a) = u_a \\ u'(a) = v_a \end{cases}.$$

Uma técnica de resolução consiste em reescrevê-los como PVI acoplados de primeira ordem, mediante a transformação $v = u'$:

$$\begin{cases} u' = v \\ v' = F(t, u, v) \\ a \leq t \leq b \\ u(a) = u_a \\ v(a) = u'(a) = v_a \end{cases},$$

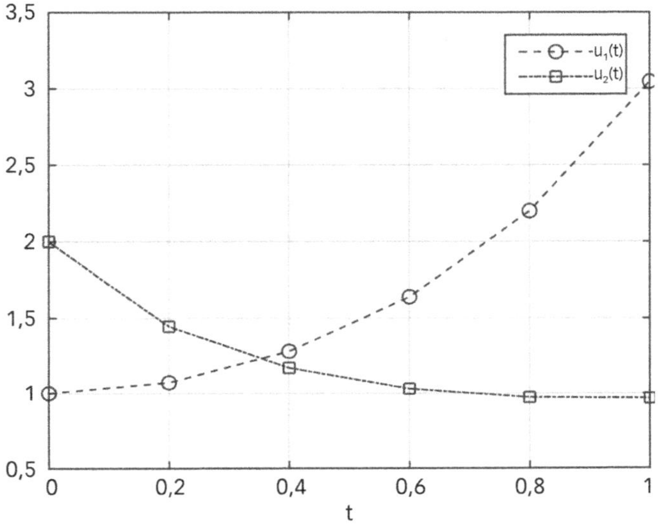


**FIGURA 8.6** Soluções do PVI acoplado Runge-Kutta 4 ($h = 0{,}2$).

**EXEMPLO 8.4** *Reescreva o PVI de 2ª ordem*

$$\begin{cases} u'' = -u \\ 0 \le t \le 2\pi \\ u(0) = 0 \\ u'(0) = 1 \end{cases}$$

*como um PVI acoplado.*

**SOLUÇÃO** Fazendo a transformação $v = u'$, obtemos:

$$\begin{cases} u' = v \\ v' = -u \\ 0 \le t \le 2\pi \\ u(0) = 0 \\ v(0) = 1 \end{cases} .$$

A resolução numérica do problema fica como exercício (veja o Problema 8.25).

## 8.4 Problemas

### Método de Euler

*Nos Problemas 8.1 a 8.4, são dados um PVI e sua solução exata (analítica). (a) Use o método de Euler para estimar u(t) com o passo sugerido. Faça uma tabela contendo os valores de i, $t_i$, $u_i$ e k. (b) Desenhe os pontos ($t_i$, $u_i$) calculados juntamente com a solução exata. (c) Determine o maior erro cometido.*

**8.1.** ✎

$$\begin{cases} u' = -u \\ 0 \le t \le 1 \\ u(0) = 1 \end{cases} ,$$

Solução exata: $\hat{u}(t) = e^{-t}$. Use passo $h = 0{,}2$.

**8.2.** ✎

$$\begin{cases} u' = 1 - u/t \\ 1 \le t \le 3 \\ u(0) = 5/2 \end{cases} ,$$

Solução exata: $\hat{u}(t) = t/2 + 2/t$. Use passo $h = 0{,}5$.

**8.3.** ✎

$$\begin{cases} u' = -3u + 6t + 5 \\ 0 \le t \le 1 \\ u(0) = 3 \end{cases} ,$$

Solução exata: $\hat{u}(t) = 2e^{-3t} + 2t + 1$. Use passo $h = 0{,}2$.

**8.4.** ✎

$$\begin{cases} u' = t^2(5-u) \\ 0 \leq t \leq 2 \\ u(0) = 0 \end{cases},$$

Solução exata: $\hat{u}(t) = 5 - 5e^{-t^3/3}$. Use passo $h$ = 0,25.

**8.5.** ☞ Implemente o algoritmo EDOEULER na sua linguagem preferida. Para verificar a correção da implementação, compare os resultados obtidos com o Exemplo 8.1.

*Considere os PVI dados nos Problemas 8.6 a 8.9. (a) Use o método de Euler para estimar $u(t)$. Desenhe os pontos $(t_i, u_i)$ calculados juntamente com a solução exata. (b) Determine o maior erro cometido.*

**8.6.** PVI dado no Problema 8.1. Use passo $h$ = 0,01.

**8.7.** PVI dado no Problema 8.2. Use passo $h$ = 0,02.

**8.8.** PVI dado no Problema 8.3. Use passo $h$ = 0,05.

**8.9.** PVI dado no Problema 8.4. Use passo $h$ = 0,10.

**8.10.** O método de Euler pode ser bastante instável, especialmente para problemas envolvendo equações com efeito de amortecimento abrupto (*stiff equations*) (Forsythe; Malcolm; Moler, 1977). Verifique o efeito dos passos $h$ = 0,5, 0,4,..., 0,1 na solução do PVI

$$\begin{cases} u' = -5u \\ 0 \leq t \leq 5 \\ u(0) = 5 \end{cases},$$

cuja solução exata é $\hat{u}(t) = 5e^{-5t}$

## Método de Runge-Kutta

**8.11.** ☞ Implemente o algoritmo EDORK4 na sua linguagem preferida. Para verificar a correção da implementação, compare os resultados obtidos com o Exemplo 8.2.

*Considere os PVI dados nos Problemas 8.12 a 8.15. (a) Use o método de Runge-Kutta para estimar $u(t)$. Desenhe os pontos $(t_i, u_i)$ calculados juntamente com a solução exata. (c) Determine o maior erro cometido.*

**8.12.** PVI dado no Problema 8.1. Use passo $h$ = 0,01.

**8.13.** PVI dado no Problema 8.2. Use passo $h$ = 0,02.

**8.14.** PVI dado no Problema 8.3. Use passo $h$ = 0,05.

**8.15.** PVI dado no Problema 8.4. Use passo $h$ = 0,10.

## Tópicos diversos

**8.16.** Verifique que a solução do PVI dado no Exemplo 8.1 é, de fato, a função mostrada na equação (8.2).

**8.17.** Reconsidere o PVI dado no Exemplo 8.1.

(a) Mostre que

$$F'(t, u) = -1 - 2t + 4u,$$

$$F''(t, u) = 2 + 4t - 8u.$$

(b) ☞ Modifique o algoritmo EDOEuler para obter um método com base na série de Taylor dada por (8.3), isto é, reescreva o algoritmo de modo que ele receba como entradas tanto $F(t, u)$ quanto $F'(t, u)$ e $F''(t, u)$. Resolva o PVI dado no Exemplo 8.1 e compare os resultados com a solução exata dada por (8.2).

**8.18.** Em uma população $n$ suficientemente grande, seja $u$ a quantidade de pessoas que conhecem um "boato". A velocidade de "espalhamento do boato" (difusão social) pode ser modelada por

$$\frac{du}{dt} = k \cdot u(n - u),$$

isto é, a velocidade é proporcional ao número de pessoas que conhecem o boato multiplicado pelo número de pessoas que não o conhecem. Suponha que $t$ seja medido em dias, $k = 1/1000$ e que duas pessoas dão início a um boato no momento $t = 0$ em uma população de $n = 1000$ pessoas. Determine em quantos dias o boato atinge 800 pessoas.

**8.19.** Pirólise é um processo químico no qual um composto (sólido ou líquido) é volatilizado sob altas temperaturas e ausência de oxigênio. Se $\alpha$ é a fração de material volatilizado, a taxa de transformação em função da temperatura $T$ do reator pode ser modelada por

$$\frac{d\alpha}{dT} = \frac{A}{\beta} \exp\left(-\frac{E}{RT}\right)(1 - \alpha),$$

onde $A$ é o fator pré-exponencial, $\beta$ é a taxa de aquecimento do reator, $E$ é a energia de ativação do processo, $R$ é a constante universal dos gases (Jiang et al., 2010). Em um experimento, determinou-se que $A = 0{,}005\ \text{min}^{-1}$, $E = 0{,}530$ J/mol, $R = 8{,}314$ J/mol·K, $\beta = 0{,}300$ K/min. Resolva o PVI com $300 \leq T \leq 500$ K. Desenhe o gráfico de $\alpha \times T$ e determine a que temperatura $\alpha \approx 0, 90$.

**8.20.** A função erro $\text{Erf}(x)$ é geralmente *definida* a partir da sua forma integral (como no Problema 7.17). No entanto, pode ser definida a partir da equação diferencial

$$\frac{d}{dx}\,\text{Erf}(x) = \frac{2}{\sqrt{\pi}} e^{-x^2}, \quad \text{Erf}(0) = 0.$$

Resolva o PVI acima para desenhar o gráfico de $\text{Erf}(x)$ no intervalo $0 \leq x \leq 2$. Compare o resultado com a função `erf` do MATLAB (Moler, 2008).

**8.21.** Reconsidere o PVI dado no Problema 8.4. Desenhe em uma mesma figura os gráficos de $u(t)$ para os seguintes valores iniciais: $u_a = 0, 1, 2, 3, 4, 5, 6$. O que essa família de soluções tem em comum?

**8.22.** Reconsidere o PVI dado no Problema 8.3.

(a) Determine o erro máximo $\epsilon_{\max}$ cometido pelo método de Euler usando $h = 0{,}08$; $0{,}04$; $0{,}02$; $0{,}01$. Verifique que o erro é proporcional a $h$: aproximadamente, quando o passo é dividido por dois, o erro também é dividido por dois.

(b) Faça o mesmo procedimento usando o método de Runge-Kutta. Verifique que o erro é proporcional a $h^4$: aproximadamente, quando o passo é dividido por dois, o erro é dividido por $2^4 = 16$.

**8.23.** ☞ Modifique a implementação do algoritmo EDORK4 para que $\mathbf{F}$, $\mathbf{u}$ e $\mathbf{u}_a$ sejam *vetores*, assim será possível resolver PVI acoplados. Para verificar a correção da implementação, compare os resultados obtidos com o Exemplo 8.3.

Dica: Use vetores-linha para armazenar os valores de $u_1(i)$ e $u_2(i)$. Use `F = @ (t,u) [2*u(1) - u(2), t - (u(2))^2]` para definir `F`.

**8.24.** O modelo de Lotka-Volterra é um clássico em ecologia matemática. Seja um ecossistema constituído de $c(t)$ coelhos (presas) e $r(t)$ raposas (predadores). As taxas de crescimento das populações são dadas por

$$\frac{dc}{dt} = \alpha c - \beta c r$$
$$\frac{dr}{dt} = \gamma c r - \delta r$$

Supondo que as populações iniciais de coelhos e raposas sejam $c(0) = 300$ e $r(0) = 150$, desenhe o gráfico de $c(t)$ e $r(t)$ no intervalo $0 \leq t \leq 10$. Use os seguintes parâmetros: $\alpha = 2$, $\beta = \gamma = 0{,}01$ e $\delta = 1$. Observe que o padrão populacional é periódico: Qual é o período?

**8.25.** A solução exata do PVI de 2ª ordem dado no Exemplo 8.4 é $u(t) = \text{sen}(t)$. Resolva numericamente o PVI (use $h = 0{,}1$) e desenhe em um mesmo gráfico as soluções numérica e exata.

**8.26.** A amplitude $\theta$ (em radianos) de um pêndulo (ideal) pode ser modelada pelo PVI de 2ª ordem

$$\begin{cases} \ddot{\theta} = -\dfrac{g}{L}\,\text{sen}(\theta) \\ 0 \leq t \\ \theta(0) = \theta_0 \\ \dot{\theta}(0) = v_0 \end{cases},$$

onde $L$ é o comprimento do pêndulo e $g$ é a aceleração gravitacional. Se a amplitude de oscilação é pequena, o período é dado por $T = 2\pi\sqrt{L/g}$.

(a) Fixe $g = 10^{\text{m}}/_{\text{s}^2}$ e $L = 1\text{m}$ e determine o período de oscilação teórico do pêndulo.

(b) Modele o PVI de 2ª ordem como um PVI acoplado, resolva-o numericamente usando $\theta_0 = 0$ e $v_0 = 1\text{s}^{-1}$, desenhe um gráfico e verifique se o período encontrado é similar ao previsto.

(c) Aumente gradativamente a velocidade inicial, $v_0 = 2, 3, \ldots$, e verifique o que ocorre com o período de oscilação.

APÊNDICE A

# Respostas para problemas selecionados

## Capítulo 1

1.1. `a = 2^5, b = sqrt(7)`

1.3. `a = cosd(60), b = tan(pi/4)`

1.5. `a = abs(-5), b = factorial(9)`

1.7. `x = [6 2 0 5], y = [6 2 0 5]'`

1.9. `z = zeros(1,20)`

1.11. `A = [1 7; -4 3]`

1.13. `a = -18.3333`. Verifique a ordem de precedência dos operadores: \, `*`, `+`, `-`.

1.15. `e = 5.3948`. O comando `log(y)` determina o logaritmo natural de $y$.

1.17. `w = 1.5708, e = 1`. Observe que $e^{\cos(\pi/2)} = e^0 = 1$.

1.19. O comando `ln` não existe. O correto é usar `a = log(5)`.

1.21. A vírgula é *separador* de elementos. O correto é `t = cos(3.1416)`.

1.23. O polinômio é $3{,}3x^2 + 174{,}2x - 6627{,}7$. Observe o fator $10^3$ multiplicando os elementos do vetor.

1.25. Um script pode ser escrito assim:

```
clear
clc
clf
x = -3 : 0.01 : 3;
y = exp(-x) - 1;
plot(x, y)
grid on
legend('g(x) = exp(-x) - 1')
xlabel('x')
ylabel('g(x)')
title('Problema 1.25')
```

1.27. Um script pode ser escrito assim:

```
clear
clc
clf
x = -1 : 0.01 : 3;
y = (x + 1)./(x - 1);
plot(x,y)
grid on
legend('i(x) = (x + 1)/(x - 1)')
xlabel('x')
ylabel('i(x)')
title('Problema 1.27')
```

1.29. Um script pode ser escrito assim:

```
clear
clc
n = 5
x = rand(1, n)
s = 0
for i = 1:n
  s = s + x(i)
end
m = s/n
```

A função pode ser escrita assim:

```
function [m] = Media(x)
n = length(x);
s = 0;
for i = 1:n
  s = s + x(i);
end
r = s/n;
```

o comando `m = mean(x)` calcula a mesma média

1.31. Uma função pode ser escrita assim:

```
function s = SomaMatriz(A)
[m, n] = size(A);
s = 0;
for i = 1 : m
  for j = 1 : n
    s = s + A(i,j);
  end
end
```

O comando `m = sum(sum(A))` calcula a mesma soma.

1.33. Uma função pode ser escrita assim:

```
function d = Divisores(n)
k = 0;
fort = 1 : n
  if rem(n,t) == 0
    k = k + 1;
    d(k) = t;
  end
end
```

1.35. **(a)** Para grau 4, $F$ usa 10 multiplicações e 4 adições, $H$ usa 4 multiplicações e 4 adições. **(b)** Para grau $m$, $F$ usa $m(m+1)/2$ multiplicações e $m$ adições. $H$ usa $m$ multiplicações e $m$ adições.

1.37. Uma função pode ser escrita assim:

```
function [p] = Pi_Leibniz(n)
num = 1;
den = 1;
tot = 1;
for i = 2 : n
  num = -num;
  den = den + 2;
  tot = tot + num/den;
end
p = 4 * tot;
```

São necessários 2000 termos.

1.39. Uma função pode ser escrita assim:

```
function R = FibonacciRazaoAurea(k)
if k < 2
  error('k deve ser igual ou maior que 2!')
end
F = zeros(k, 1);
R = zeros(k, 1);
F(1) = 1;
F(2) = 1;
for i = 3 : k
  F(i) = F(i-1) + F(i-2);
  R(i) = F(i)/F(i-1);
end
```

A sequência $R_k$ aproxima-se de $\phi = (\sqrt{5} + 1)/2 = 1{,}618033988749895\ldots$ denominada **razão áurea**.

## Capítulo 2

2.1. **(a)** $\epsilon = 0{,}0039$ **(b)** $F_{\text{min}} = 1{,}0842 \times 10^{-19}$ **(c)** $F_{\text{max}} = 3{,}6821 \times 10^{+19}$

2.3. *Overfow* é um truncamento para infinito. Por exemplo: `a = 10^10^10^10`.

2.5. `exato = 3ff0000000000000`, `aprox = 3feffffffffffff`.

2.7. A primeira desigualdade ocorre para $n = 49$.

2.9. Para a maioria dos sistemas computacionais $\epsilon = 2{,}2204 \times 10^{-16}$.

2.11. **(a)** $\epsilon = -1{,}0000 \times 10^{-6}$ **(b)** $\epsilon_{\text{rel}} = -1{,}0000 \times 10^{-6}$ **(c)** $DSE = 6$

2.13. **(a)** $\epsilon = -1{,}2019 \times 10^{-6}$ **(b)** $\epsilon_{\text{rel}} = -7{,}4279 \times 10^{-7}$ **(c)** $DSE = 6$

2.15. $DSE \geq 6$.

2.17. $\epsilon_{\text{rel}} \geq 0{,}5 \times 10^{-5}$.

2.19. $\epsilon_{\text{rel}(1)} = -5{,}2816 \times 10^{-3}$, $\epsilon_{\text{rel}(2)} = 6{,}0164 \times 10^{-3}$, $\epsilon_{\text{rel}(3)} = -4{,}5070 \times 10^{-2}$, $\epsilon_{\text{rel}(4)} = 4{,}0250 \times 10^{-4}$, $\epsilon_{\text{rel}(5)} = 2{,}3559 \times 10^{-5}$, $\epsilon_{\text{rel}(6)} = 6{,}5842 \times 10^{-3}$, $\epsilon_{\text{rel}(7)} = 8{,}4914 \times 10^{-8}$.

2.21. $t_3 = 0{,}707143045779360$, $\epsilon_{\text{rel}(3)} = 5{,}1286 \times 10^{-5}$, $t_6 = 0{,}707106781179619$, $\epsilon_{\text{rel}(6)} = -9{,}7977 \times 10^{-12}$, $t_9 = 0{,}707106781186547$, $\epsilon_{\text{rel}(9)} = 0$.

2.23. Dica: Faça a expansão de $\hat{x}^m = (x - \epsilon)^m$ e elimine os termos com $\epsilon^2, \epsilon^3, \ldots, \epsilon^m$.

2.25. Observe a sequência:

| k | x(k) | dif_rel(k) | err_rel(k) |
|---|---|---|---|
| 1 | 1.000000000000 | +Inf | -5.00e-01 |
| 2 | 1.732050807569 | -4.23e-01 | -1.34e-01 |
| 3 | 1.931851652578 | -1.03e-01 | -3.41e-02 |
| 4 | 1.982889722748 | -2.57e-02 | -8.56e-03 |
| 5 | 1.995717846477 | -6.43e-03 | -2.14e-03 |
| ... | ... | ... | ... |
| 15 | 1.999999995915 | -6.13e-09 | -2.04e-09 |
| 16 | 1.999999998979 | -1.53e-09 | -5.11e-10 |
| 17 | 1.999999999745 | -3.83e-10 | -1.28e-10 |
| 18 | 1.999999999936 | -9.57e-11 | -3.19e-11 |
| 19 | 1.999999999984 | -2.39e-11 | -7.98e-12 |
| 20 | 1.999999999996 | -5.98e-12 | -1.99e-12 |

## Capítulo 3

3.1. (a)

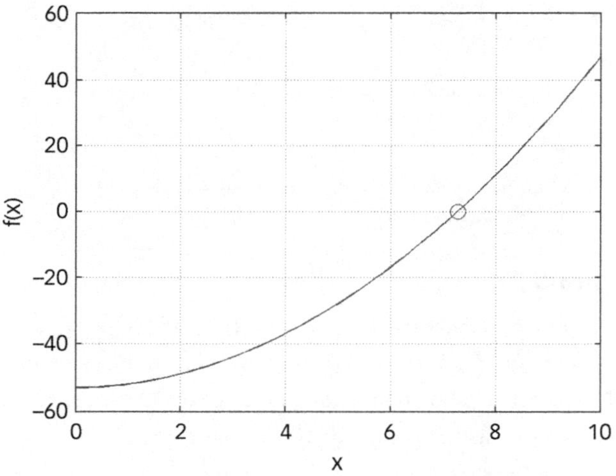


(b)

| k | a | x | b | fa | fx | fb | erel |
|---|---|---|---|---|---|---|---|
| 1 | 0 | 5 | 10 | -53 | -28 | 47 | Inf |
| 2 | 5.0000 | 7.5000 | 10.0000 | -28.0000 | 3.2500 | 47.0000 | -0.3333 |
| 3 | 5.0000 | 6.2500 | 7.5000 | -28.0000 | -13.9375 | 3.2500 | 0.2000 |
| 4 | 6.2500 | 6.8750 | 7.5000 | -13.9375 | -5.7344 | 3.2500 | -0.0909 |

3.3. (a)

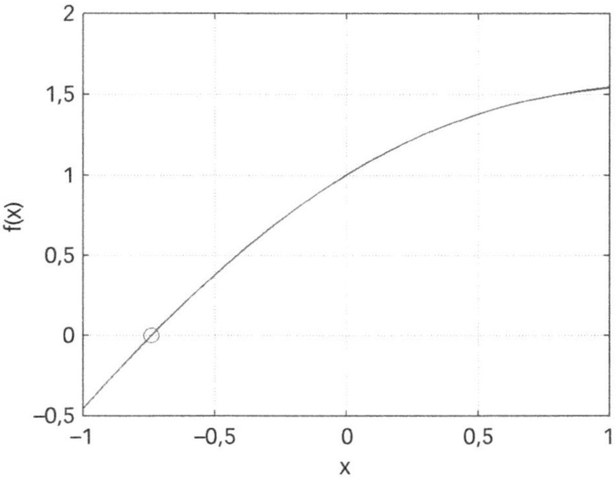


(b)

| k | a | x | b | fa | fx | fb | erel |
|---|---|---|---|---|---|---|---|
| 1 | -1.0000 | 0 | 1.0000 | -0.4597 | 1.0000 | 1.5403 | Inf |
| 2 | -1.0000 | -0.5000 | 0 | -0.4597 | 0.3776 | 1.0000 | -1.0000 |
| 3 | -1.0000 | -0.7500 | -0.5000 | -0.4597 | -0.0183 | 0.3776 | -0.3333 |
| 4 | -0.7500 | -0.6250 | -0.5000 | -0.0183 | 0.1860 | 0.3776 | 0.2000 |

3.5. $k > 1 + 12\log_2(10) = 40.8631$, logo $k = 41$.

3.7. $z = 7{,}280109889281903$, $\epsilon_{\text{rel}} = 3{,}1232 \times 10^{-13}$, $k = 42$.

3.9. $z = -0{,}739085133214985$, $\epsilon_{\text{rel}} = 3{,}0764 \times 10^{-13}$, $k = 43$.

3.11. Dica: Faça um desenho mostrando a posição de $a_{k-1}$, $x_{k-1}$, $b_{k-1}$, $a_k$, $x_k$ e $b_k$. Suponha que $b_{k-1} - a_{k-1} = 4h$.

3.13. (a)

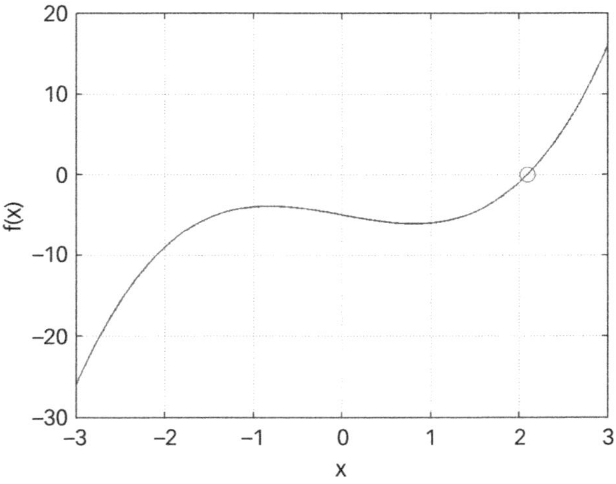

(b) $f'(x) = 3x^2 - 2$
(c)

| k | x | f(x) | f'(x) | $e_{rel}$ |
|---|---|---|---|---|
| 1 | 2.5000 | 5.6250 | 16.7500 | Inf |
| 2 | 2.1642 | 0.8079 | 12.0510 | 0.1552 |
| 3 | 2.0971 | 0.0289 | 11.1939 | 0.0320 |
| 4 | 2.0946 | 0.0000 | 11.1615 | 0.0012 |

3.15. (a)

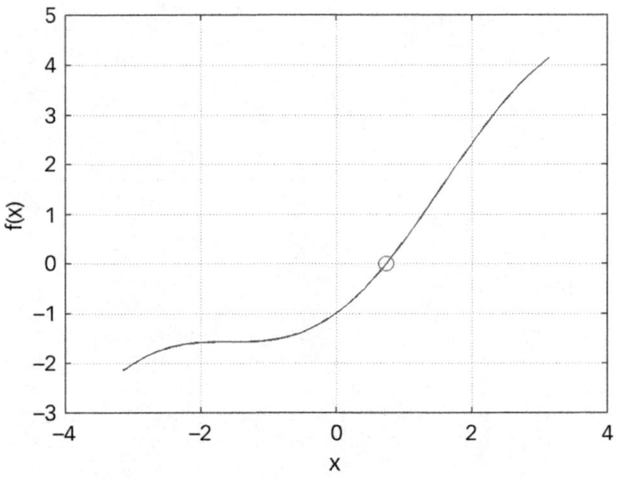


(b) $f'(x) = 1 + \text{sen}(x)$
(c)

| k | x | f(x) | f'(x) | erel |
|---|---|---|---|---|
| 1 | 1.0000 | 0.4597 | 1.8415 | Inf |
| 2 | 0.7504 | 0.0189 | 1.6819 | 0.3327 |
| 3 | 0.7391 | 0.0000 | 1.6736 | 0.0152 |
| 4 | 0.7391 | 0.0000 | 1.6736 | 0.0000 |

3.17. Dica: Substitua $f(x_{k-1}) = x_{k-1}^2 - 53$ e $f'(x_{k-1}) = 2x_{k-1}$ em (3.1) e faça as simplificações necessárias.

3.19. $z = 2{,}094551481542327$, $\epsilon_{\text{rel}} = 0$, $k = 7$.

3.21. $z = 0{,}739085133215161$, $\epsilon_{\text{rel}} = 0$, $k = 6$.

3.23.

| f(x) | x_ini | z | k(orig.) | k(rod.) |
|---|---|---|---|---|
| x.^3 - 2*x - 5 | 1.0 | 2.094551481542327 | 11 | 10 |
| x + log(x) | 0.5 | 0.567143290409784 | 6 | 5 |
| x - cos(x) | 1.0 | 0.739085133215161 | 6 | 5 |
| x * cos(x^2) | 1.2 | 1.253314137315500 | 6 | 5 |

3.25. A partir de $x_1 = 2{,}0000$, tem-se $x_2 = 4{,}0000$; $x_3 = 5{,}3333$; $x_4 = 6{,}5641$; ..., isto é, $x_k \to +\infty$.

3.27. $z = \sqrt[3]{\frac{29}{54} + \sqrt{\frac{31}{108}}} + \sqrt[3]{\frac{29}{54} - \sqrt{\frac{31}{108}}} + \frac{1}{3}$

3.29. Usando bisseção, $z = 11{,}861501508119545$, $\epsilon_{\text{rel}} = 3{,}0670 \times 10^{-13}$, $k = 39$.

3.31. $f(i) = 249 * (1 - (1 + i)^{-12}) - 2499 \cdot i$, $i = 0{,}0286$.

3.33. **(a)**

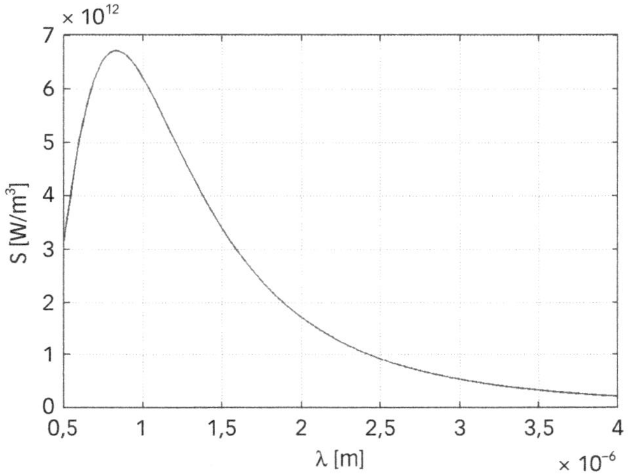


**(b)** $z = 4{,}965114231744277$, $\lambda_{\max} = 8{,}293892607811290 \times 10^{-7}$.

3.35. **(a)**

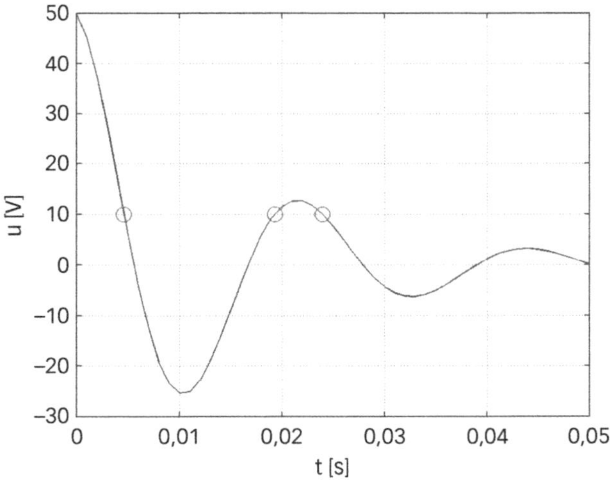


**(b)** $t_1 = 0{,}004615059184964$, $t_2 = 0{,}019321606792590$, $t_3 = 0{,}023947604615550$.

3.37. Usando $tol = 0,5 \times 10^{-12}$, obtemos os zeros com a quantidade de passos dada a seguir:

| f(x) | z | k(Bis.) | k(I. Lin.) |
|---|---|---|---|
| x^2 - 53 | 7.28010988928 | 38 | 10 |
| sqrt(x^2 + 1) - x^2 | 1.27201964951 | 43 | 40 |
| x + cos(x) | -0.739085133215 | 43 | 12 |
| exp(-x) + x^2 - 10 | 3.15553233080 | 41 | 14 |

## Capítulo 4

4.1. $\mathbf{x} = [1 \quad -2]^{\mathrm{T}}$.

4.3. $\mathbf{x} = [1 \quad 3 \quad -5]^{\mathrm{T}}$.

4.9. Usando SLGaussProv, obtemos $\mathbf{x}_1 = [3 \quad 2 \quad 1]^{\mathrm{T}}$ (errado!). Usando SLGauss, obtemos $\mathbf{x}_2 = [1 \quad 1 \quad 1]^{\mathrm{T}}$ (correto!).

4.11. $\epsilon_{\mathrm{rel}} = 0{,}0106$.

4.13. Dica: Use o comando `norm` para calcular a norma euclidiana.

4.15. Obtemos, a partir de $\mathbf{C} = \begin{bmatrix} 0{,}0 & 0{,}5 \\ -0{,}5 & 0{,}0 \end{bmatrix}$ e $\mathbf{d} = \begin{bmatrix} 1 \\ 3 \end{bmatrix}$, obtemos os valores:

| k | x(1) | x(2) | Erel |
|---|---|---|---|
| 1 | 1 | 1 | Inf |
| 2 | 1.5000 | 2.5000 | 0.5423 |
| 3 | 2.2500 | 2.2500 | 0.2485 |
| 4 | 2.1250 | 1.8750 | 0.1395 |

4.17. Obtemos, a partir de $\mathbf{C} = \begin{bmatrix} 0{,}00 & -0{,}25 & -0{,}05 \\ 0{,}20 & 0{,}00 & -0{,}20 \\ -0{,}10 & -0{,}40 & 0{,}00 \end{bmatrix}$ e $\mathbf{d} = \begin{bmatrix} 1{,}6 \\ -2{,}0 \\ 1{,}4 \end{bmatrix}$, obtemos os valores:

| k | x(1) | x(2) | x(3) | Erel |
|---|---|---|---|---|
| 1 | 1 | 1 | 1 | Inf |
| 2 | 1.3000 | -2.0000 | 0.9000 | 1.1832 |
| 3 | 2.0550 | -1.9200 | 2.0700 | 0.3994 |
| 4 | 1.9765 | -2.0030 | 1.9625 | 0.0457 |

4.21. Obtemos, a partir de $\mathbf{C} = \begin{bmatrix} 0{,}0 & -0{,}4 & -0{,}2 \\ -0{,}4 & 0{,}0 & -0{,}4 \\ -0{,}2 & -0{,}4 & 0{,}0 \end{bmatrix}$ e $\mathbf{d} = \begin{bmatrix} 1{,}0 \\ 0{,}2 \\ 1{,}8 \end{bmatrix}$, obtemos os valores:

| k | x(1) | x(2) | x(3) | Erel |
|---|---|---|---|---|
| 1 | 1 | 1 | 1 | Inf |
| 2 | 0.4000 | -0.3600 | 1.8640 | 0.8862 |
| 3 | 0.7712 | -0.8541 | 1.9874 | 0.2744 |
| 4 | 0.9442 | -0.9726 | 2.0002 | 0.0869 |

4.23. Obtemos, a partir de $\mathbf{C} = \begin{bmatrix} 0{,}00 & -0{,}50 & 0{,}00 & 0{,}00 \\ 0{,}25 & 0{,}00 & -0{,}50 & 0{,}00 \\ 0{,}00 & 0{,}25 & 0{,}00 & -0{,}50 \\ 0{,}00 & 0{,}00 & 0{,}25 & 0{,}00 \end{bmatrix}$ e $\mathbf{d} = \begin{bmatrix} 0{,}00 \\ 2{,}25 \\ 0{,}00 \\ 1{,}00 \end{bmatrix}$, obtemos os valores:

```
k    x(1)      x(2)      x(3)      x(4)      Erel
1    1         1         1         1         Inf
2   -0.5000    1.6250   -0.0938    0.9766    0.9980
3   -0.8125    2.0938    0.0352    1.0088    0.2351
4   -1.0469    1.9707   -0.0117    0.9971    0.1101
```

4.25. A tabela a seguir mostra o número de passos utilizados em cada método:

```
Prob.   kGJ   kGS
4.15    43    23
4.16    73    19
4.17    20    14
4.18    52    28
```

4.27. Permutando as linhas, obtém-se o sistema linear a seguir:

```
A =
     3     0     2     0
     0     6     3     2
     0     2     5     2
     2     0     0     3
b =
     4
     3
     2
     1
x =
   1.290322580645370
   0.532258064516400
   0.064516129032287
  -0.193548387096914
```

4.29. Para o primeiro sistema linear, obtemos:

```
Método Gauss-Jacobi
k       x(1)       x(2)       Erel
1       1          1          Inf
2       1.8000     1.9000     0.4601
3       1.8900     2.7800     0.2631
4       1.9780     2.8790     0.0379
...
9       1.9999     2.9997     0.0003
10      2.0000     2.9998     0.0000
11      2.0000     3.0000     0.0000
...
```

```
Método Gauss-Seidel
k      x(1)        x(2)        Erel
1      1           1           Inf
2      1.8000      2.7800      0.5893
3      1.9780      2.9758      0.0741
4      1.9976      2.9973      0.0081
5      1.9997      2.9997      0.0009
6      2.0000      3.0000      0.0001
7      2.0000      3.0000      0.0000
...
```

Para o segundo sistema linear, obtemos:

```
Método Gauss-Jacobi
k   x(1)        x(2)        x(3)        Erel
1   1           1           1           Inf
2   5.0000     -2.0000     -2.0000      1.0150
3   8.0000      2.0000     -2.6667      0.5820
4   8.6667      5.0000      1.0000      0.4758
5   5.0000      5.6667      3.2222      0.5282
6   2.7778      2.0000      2.4444      1.0360
7   3.5556     -0.2222     -0.7407      1.0885
```

```
Método Gauss-Seidel
k      x(1)        x(2)        x(3)        Erel
1      1           1           1           Inf
2      5.0000      2.0000      0           0.7878
3      6.0000      3.0000      1.0000      0.2554
4      5.0000      2.0000      0           0.3216
5      6.0000      3.0000      1.0000      0.2554
6      5.0000      2.0000      0           0.3216
7      6.0000      3.0000      1.0000      0.2554
...
```

4.31. A segunda coluna da matriz inversa é:

```
b2 =
   -0.1138
    0.0272
   -0.0479
   -0.1347
    0.0828
   -0.0034
```

4.33.

```
A = [2  0  0  -2    0   0   0   0;
     2  0  0   0   -2   0   0   0;
     7  4  4  -4  -12  -4  -1  -2;
     0  2  0   0    0  -2   0   0;
     0  2  0   0    0   0   0  -1;
     0  0  2   0    0   0  -2   0;
     0  0  1  -1   -3  -1   0   0;
     0  0  0   0    0   0   0   1]
b = [0; 0; 0; 0; 0; 0; 0; 1]
x = [1/6; 1/2; 7/6; 1/6; 1/6; 1/2; 7/6; 1]
```

4.35.
```
A =
       -4.0640    2.0080         0         0
        1.9680   -4.1280    2.0320         0
             0    1.9280   -4.1920    2.0720
             0         0    1.8720   -4.2560
b =
             0
             0
             0
      -10.6400
y =
        0.8082
        1.6358
        2.5403
        3.6173
y_hat =
        0.8016
        1.6256
        2.5296
        3.6096
```

## Capítulo 5

5.1. $p(x) = -x^2 + 3x + 2$.

5.3. Uma possível implementação:

```
function [v, c] = IVander(x, y, u)
n = length(x);
X = MVander(x, n-1);
c = SLGauss(X, y);
v = VPol(c, u);
```

5.5. $p(x) = -x^2 + 2x + 3$. Como os nodos se posicionam sobre uma parábola, um polinômio de grau 2 é suficiente para interpolá-los. Veja o gráfico:

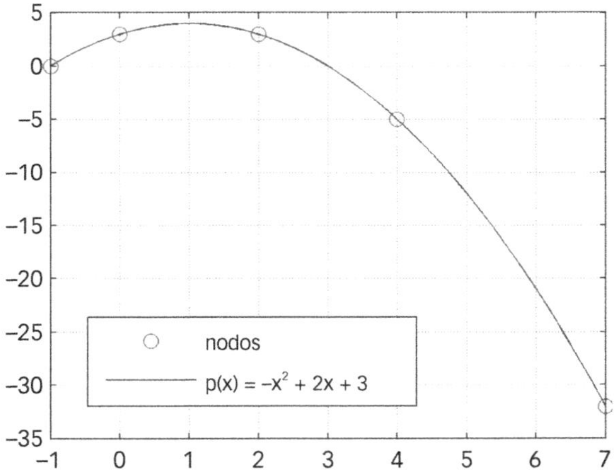


5.7. Para quem nasceu em $u = 1987$, tem-se $v_2 = 137{,}5182$ e $v_4 = 137{,}5597$.

5.9. Dica: Faça $x_2 = x_1 + h$, $x_3 = x_1 + 2h$, $x_4 = x_1 + 3h$.

5.11. Dica: Cuide para que todos os vetores envolvidos sejam *vetores-coluna*.

5.13.
```
Valor exato:
v_exato = 0.369032530185151

Nodos simétricos:
v2 = 0.367850000000000
v4 = 0.369031250000000
v6 = 0.369024218750000
e_rel_2 = -3.2044e-03
e_rel_4 = -3.4690e-06
e_rel_6 = -2.2522e-05

Nodos assimétricos:
w2 = 0.367850000000000
w4 = 0.368712500000000
w6 = 0.369094140625000
e_rel_2 = -3.2044e-03
e_rel_4 = -8.6721e-04
e_rel_6 =  1.6695e-04

Para os nodos assimétricos o erro é maior.
```

5.15. Fazendo $s_1'(2) = s_2'(2)$ tem-se $c = -1$. Fazendo $s_1''(2) = s_2''(2)$ tem-se $b = -3$. Fazendo $s_2''(3) = 0$ tem-se $a = 1$. Fazendo $s_1(2) = s_2(2)$ tem-se $d = 2$.

5.17. $$S(x) = \begin{cases} 0{,}3183(x-1)^3 + 0{,}0000(x-1)^2 + 0{,}6817(x-1) + 2{,}0000, & 1 \le x \le 2 \\ -0{,}3867(x-2)^3 + 0{,}9550(x-2)^2 + 1{,}6367(x-2) + 3{,}0000, & 2 \le x \le 4 \\ 0{,}2275(x-4)^3 - 1{,}3650(x-4)^2 + 0{,}8200(x-4) + 7{,}0000, & 4 \le x \le 6 \end{cases}$$

5.19. Coeficientes do *spline*: $C = \begin{bmatrix} 0{,}0922 & 0 & 22{,}7742 & 607 \\ -0{,}0210 & 1{,}1069 & 27{,}2017 & 704 \\ -0{,}1530 & 0{,}9179 & 33{,}2761 & 795 \end{bmatrix}$ Valor interpolado: $E(57) = 762{,}6628$.

5.21. O gráfico a seguir mostra as curvas de interpolação. O *spline* parece mais plausível.

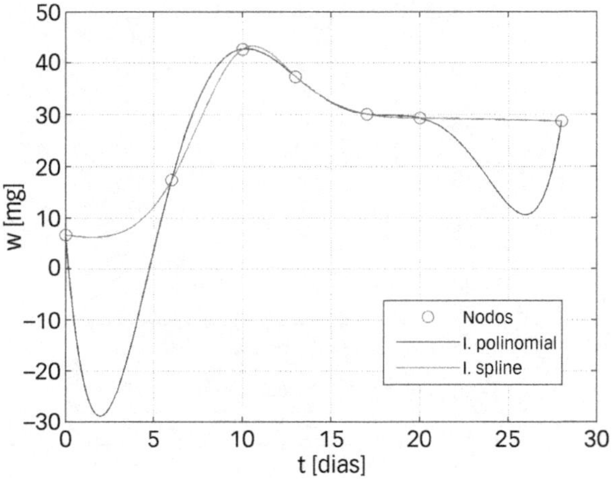


No *spline* interpolador, o valor máximo é aproximadamente $w_{max} = 43{,}22$ g.

5.23. Dica: Substitua as expressões envolvendo $s_1'(x_1)$ e $s_{n-1}'(x_n)$ por (5.18) e faça as simplificações necessárias. Em seguida, substitua as expressões envolvendo os coeficientes $a_k$, $b_k$, $c_k$ e $d_k$ por (5.21), (5.20), (5.22) e (5.17) para determinar as expressões envolvendo $h_k$, $m_k$ e $p_k$.

5.25. Siga as mesmas dicas dadas para o Problema 5.23.

5.27. Expectativa para o homem: 72,7937 anos. Expectativa para a mulher: 80,9960 anos.

5.29. $u_2 = 2{,}4111$; $u_4 = 2{,}4027$; $u_6 = 2{,}4094$; $z = 2{,}4048$.

## Capítulo 6

6.1. O polinômio de ajuste é $p(x) = 1{,}6538x - 5{,}5000$ com resíduo quadrático $S_{QE} = 1{,}1923$.

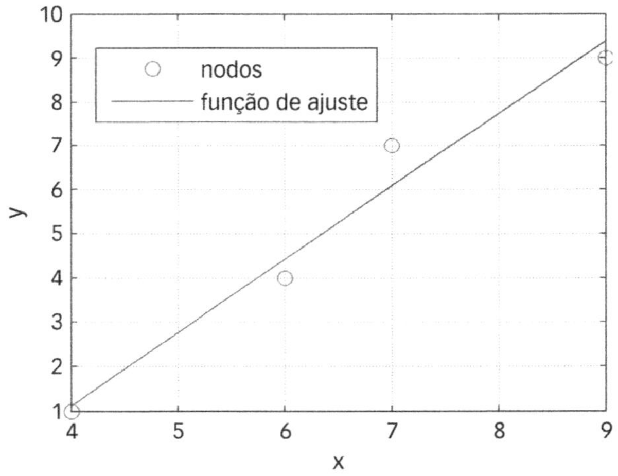


6.3. $S_{QE-F} = 2{,}20$, $S_{QE-G} = 1{,}40$, $S_{QE-H} = 2{,}24$. A função $G$ tem melhor ajuste.

6.7. $F(\theta) = 0{,}0614\theta^2 - 6{,}9465\theta + 196{,}6393$, $\theta_B = 56{,}5825°$.

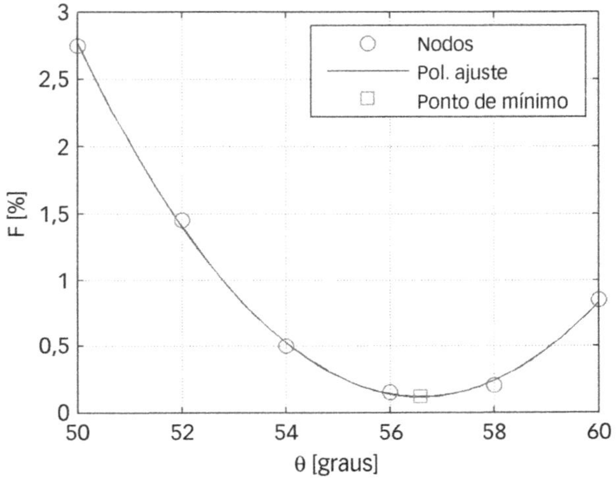

6.9. Os valores estimados são 410,2897 e 410,3000 com diferença relativa de $-2{,}5 \times 10^{-5}$.

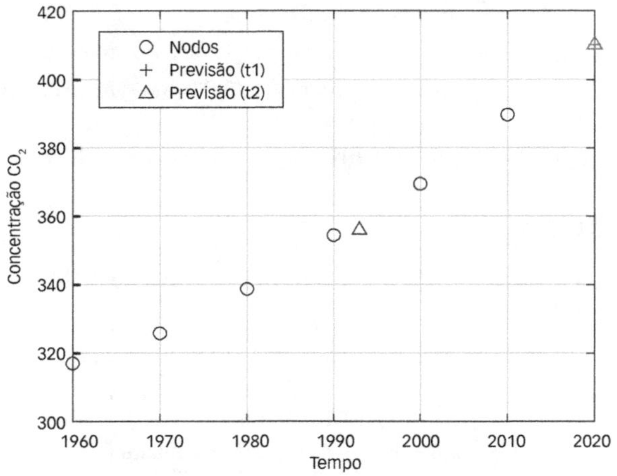


6.11. Dica: Use a mesma estrutura do algoritmo AJUSTEPOL, mas faça as adaptações necessárias.

6.13. $T(P) = 23{,}4857e^{-0{,}0035P}$, $T_e = 17{,}7102$ s; $P_e = 146{,}6305$ HP.

6.15. Em vez de ajuste, temos efetivamente uma interpolação, pois os pontos estão sobre o polinômio $p(x) = x^2 - 2x + 4$. Observe os coeficientes:

```
c =
   -0.000000000000166
    0.000000000003986
   -0.000000000033734
    1.000000000117891
   -2.000000000144785
    4.000000000016654
SQE =
    1.4011e-21
```

6.17. $S_{QE} = 2691{,}1$

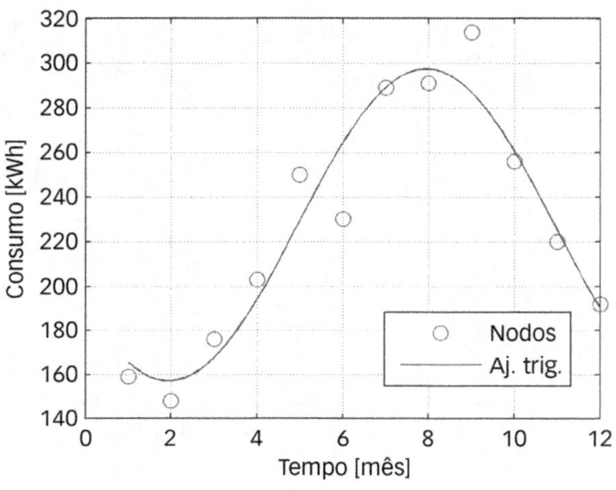

6.19. $S_{QE\text{pol-lb}} = 2{,}6613 \times 10^4$; $S_{QE\text{cm-kg}} = 5{,}4758 \times 10^3$.

6.21. $P_{\text{pol}}(t) = 1{,}4596 \times 10^{-3}t^2 - 3{,}4087t + 1{,}1469 \times 10^3$, $P_{\text{exp}}(t) = 2{,}4839 \times 10^{-17}\ e^{0{,}0217t}$. $P_{\text{pol}}(2020) = 217{,}0901$, $P_{\text{exp}}(2020) = 262{,}1211$. $r^2_{\text{pol}} = 0{,}9989$, $r^2_{\text{exp}} = 0{,}9593$.

6.23. (a) A matriz de planejamento é dada por:

```
X =
       1.0000     3.7842
       1.0000     4.1109
       1.0000     4.3944
       1.0000     4.7274
       1.0000     4.8752
```

(b) Os coeficientes são $\beta_0 = 17{,}9243$ e $\beta_1 = 19{,}3850$. (c) $p(100) = 107{,}1956$ mmHg.

6.25. Dica: A função logística pode ser reescrita como $\beta_0 + \beta_1 x = -\ln(1/p - 1)$. Após o ajuste, os coeficientes são $\beta_0 = -7{,}7713$ e $\beta_1 = 0{,}6622$.

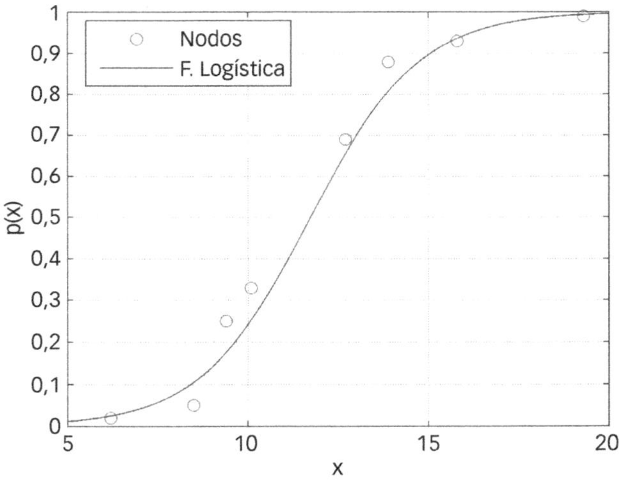


## Capítulo 7

7.1. **(a)** $Q_1 = 3.0862$, $Q_2 = 2{,}3621$, $Q_3 = 2{,}3556$, $Q_4 = 2{,}3505$ **(b)** $\hat{Q} = 2{,}3504$ **(c)** $\epsilon_{\text{rel}(1)} = 3{,}1304 \times 10^{-1}$, $\epsilon_{\text{rel}(2)} = 4{,}9572 \times 10^{-3}$, $\epsilon_{\text{rel}(3)} = 2{,}2318 \times 10^{-3}$, $\epsilon_{\text{rel}(4)} = 2{,}9151 \times 10^{-5}$.

7.3. **(a)** $Q_1 = 1{,}9237 \times 10^{-16}$, $Q_2 = 2{,}0944$, $Q_3 = 2{,}0405$, $Q_4 = 1{,}9986$ **(b)** $\hat{Q} = 2$ **(c)** $\epsilon_{\text{rel}(1)} = -1{,}0000$, $\epsilon_{\text{rel}(2)} = 0{,}0472$, $\epsilon_{\text{rel}(3)} = 0{,}0203$, $\epsilon_{\text{rel}(4)} = -7{,}1463 \times 10^{-4}$.

7.5. Usando `format rat`:

```
A =
      1     1        1        1       1
      0     1/4      1/2      3/4     1
      0     1/16     1/4      9/16    1
      0     1/64     1/8     27/64    1
      0     1/256    1/16    81/256   1
b =
      1
      1/2
      1/3
      1/4
      1/5
W =
        7/90
       16/45
        2/15
       16/45
        7/90
```

7.7. Dica: Note que os pesos $w$ da integração já estão pré-determinados.

7.9. $Q_{6,1} = 1{,}0059$, $Q_{3,2} = 1{,}0002$, $\epsilon_{\text{rel}} = 0{,}0057$.

7.11. $Q_{6,1} = 1{,}0658$, $Q_{3,2} = 1{,}0700$, $\epsilon_{\text{rel}} = -3{,}8462 \times 10^{-3}$.

7.13. $\hat{Q} = 2{,}3504$; $Q_{1,2} = 2{,}3621$; $Q_{2,2} = 2{,}3512$; $Q_{4,2} = 2{,}3505$; $Q_{8,2} = 2{,}3504$; $t_1 = 14{,}7031$; $t_2 = 15{,}6517$; $t_4 = 15{,}9113$.

7.17. $Q = 0{,}746824132812427$, $\epsilon_{\text{rel}} = 2{,}8884 \times 10^{-14}$, $k = 10$, $\text{Erf}(1) = \frac{2}{\sqrt{\pi}}Q = 0{,}842700792949715$.

7.19. $Q = 0{,}779893400376823$, $\epsilon_{\text{rel}} = -2{,}4536 \times 10^{-14}$, $k = 14$.

7.21. Dica: $\int a(x-b)^n\,dx = \frac{a}{n+1}(x-b)^{n+1}$.

7.23. 63.720 veículos.

7.25. $S = 156{,}9726$.

## Capítulo 8

8.1. (a)

| i | t(i) | u(i) | k |
|---|---|---|---|
| 1 | 0.0 | 1.0000 | -1.0000 |
| 2 | 0.2 | 0.8000 | -0.8000 |
| 3 | 0.4 | 0.6400 | -0.6400 |
| 4 | 0.6 | 0.5120 | -0.5120 |
| 5 | 0.8 | 0.4096 | -0.4096 |
| 6 | 1.0 | 0.3277 | |

(b)

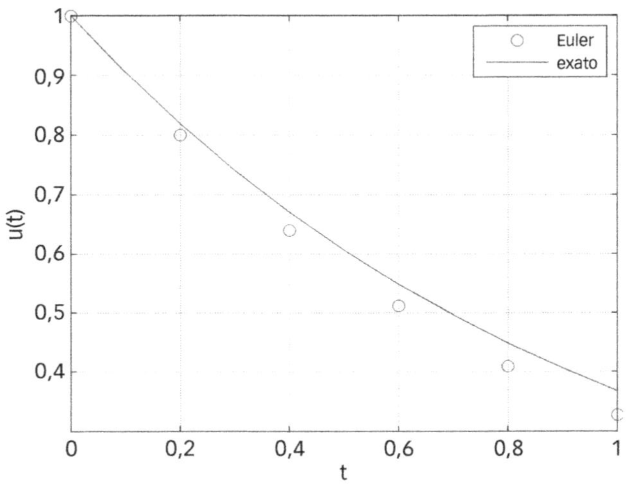


(c) $|\epsilon_{\max}| = 0{,}0402.$

8.3 (a)

| i | t(i) | u(i) | k |
|---|---|---|---|
| 1 | 0.0 | 3.0000 | -4.0000 |
| 2 | 0.2 | 2.2000 | -0.4000 |
| 3 | 0.4 | 2.1200 | 1.0400 |
| 4 | 0.6 | 2.3280 | 1.6160 |
| 5 | 0.8 | 2.6512 | 1.8464 |
| 6 | 1.0 | 3.0205 | |

(b)

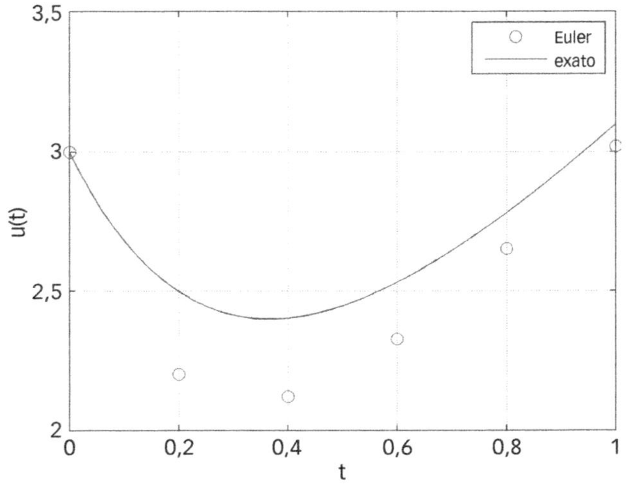


(c) $|\epsilon_{\max}| = 0{,}2976.$

8.7. **(a)**

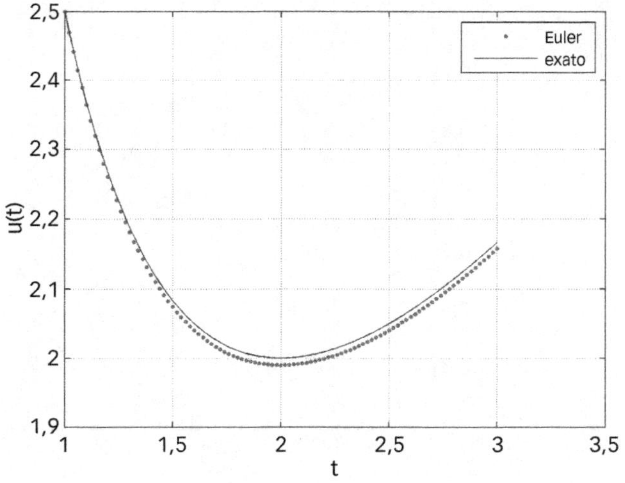


**(b)** $|\epsilon_{\text{max}}| = 0{,}0101$.

8.9. **(a)** Veja o gráfico:

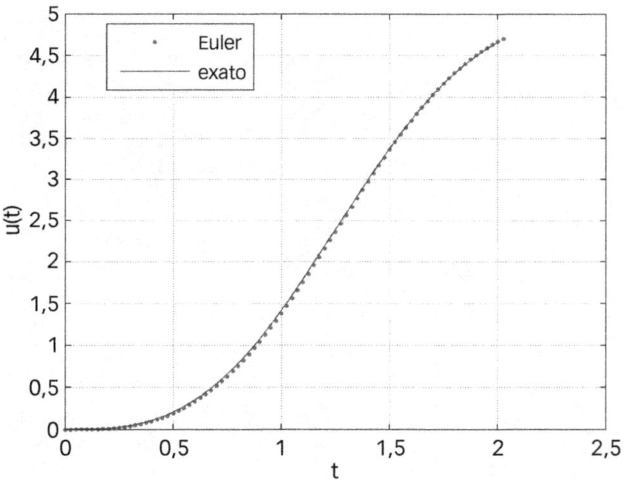


**(b)** $|\epsilon_{\text{max}}| = 0{,}0363$.

8.13. **(a)**

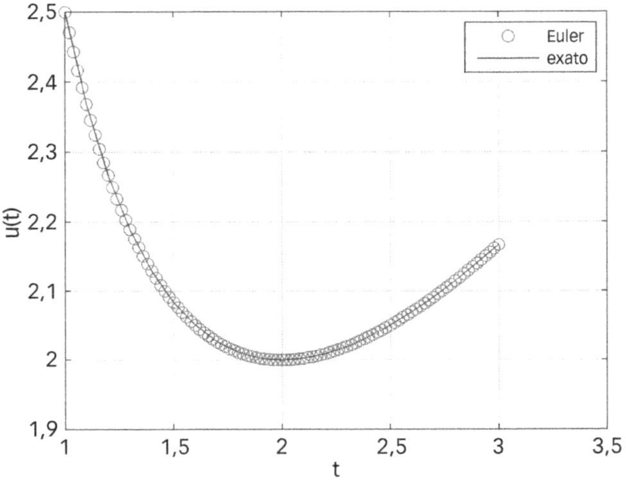


**(b)** $|\epsilon_{\max}| = 2{,}2204 \times 10^{-15}$.

8.15. **(a)**

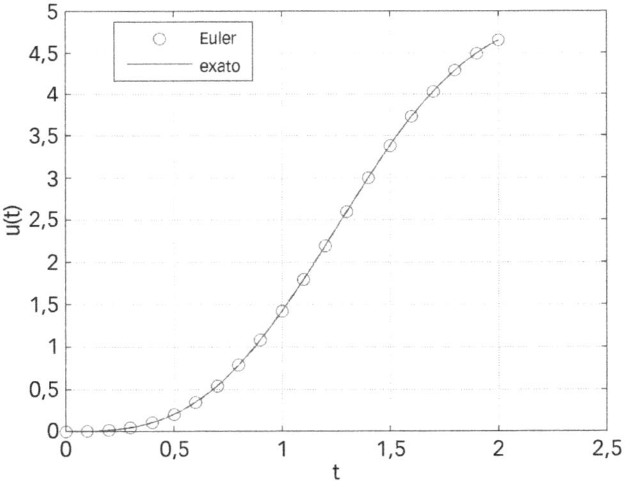


**(b)** $|\epsilon_{\max}| = 6{,}7775 \times 10^{-5}$

8.17. O maior erro cometido é $|\epsilon_{\text{max}}| = 9{,}9609 \times 10^{-4}$.

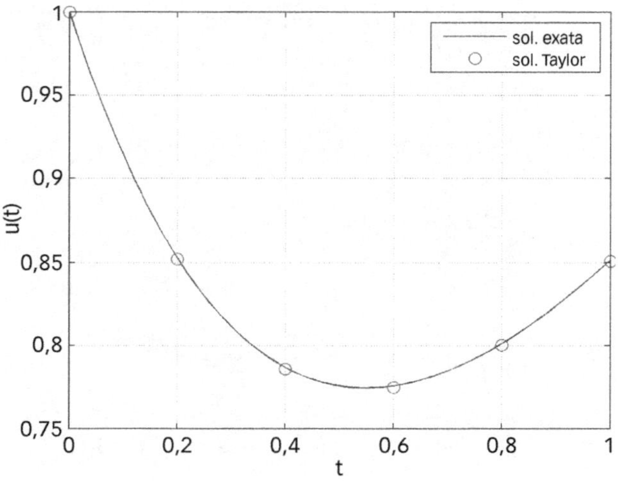


8.19. $T = 432$ K.

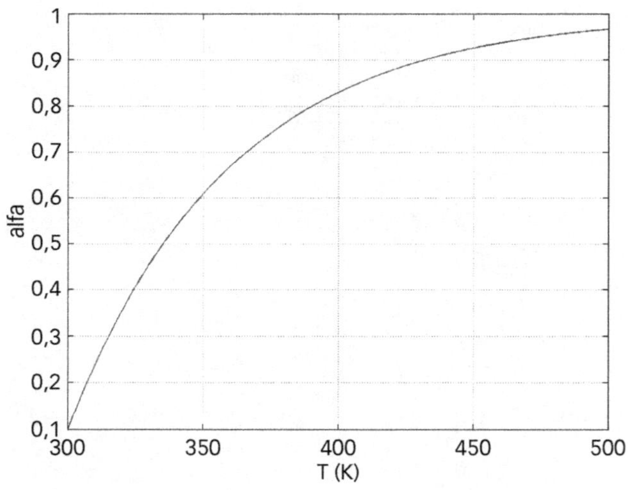

8.21. Todas as curvas convergem assintoticamente para $u_\infty = 5$.

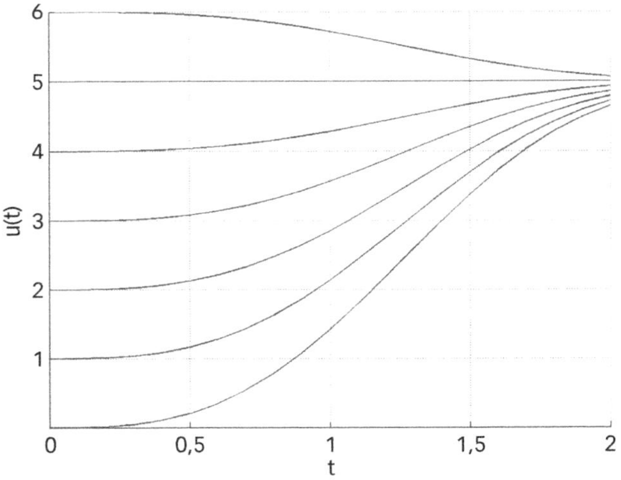


8.25. Erro máximo $5{,}2379 \times 10^{-06}$

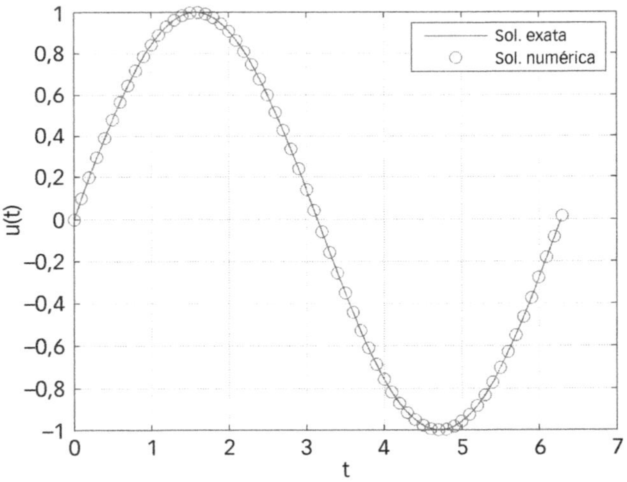

# Referências


ABRAMOWITZ, M.; STEGUN, I. A. *Handbook of mathematical functions*. 9th ed. New York: Dover, 1972.

ALMEIDA, A. C.; WAGNER, E. Trissecção do círculo. *Revista do Professor de Matemática*, n. 71, p. 35-36, 2010.

ANTON, H.; BUSBY, R. C. *Álgebra linear contemporânea*. Porto Alegre: Bookman, 2006.

BARBOSA, V. C.; BREITSCHAFT, A. M. S. Um aparato experimental para o estudo do princípio de Arquimedes. *Revista Brasileira de Ensino de Física*, v. 28, n. 1, p. 115-122, 2006.

BECKMANN, P. *A history of Pi*. 3rd ed. New York: St. Martin, 1974.

BENZI, M. *Key moments in the history of numerical analysis*. Atlanta: Emory University, 2009. Disponível em: <http://history.siam.org/%5C/pdf/nahist_Benzi.pdf>. Acesso em: 20 nov. 2011.

BLACK, N.; MOORE, S. *Successive overrelaxation method*. [S. l.]: Wolfram MathWorld, 2015. Disponível em: <mathworld.wolfram.com/SuccessiveOverrelaxationMethod.html>. Acesso em: 20 nov. 2015.

BOYCE, W. E.; DIPRIMA, R. C. *Equações diferenciais elementares e problemas de valores de contorno*. Rio de Janeiro: LTC, 2002.

BURDEN, R. L.; FAIRES, J. D. *Análise numérica*. São Paulo: Cengage Learning, 2008.

BUTCHER, J. C. A history of Runge-Kutta methods. *Applied Numerical Mathematics*, v. 20, n. 3, p. 247-260, 1996.

CAMPOS FILHO, F. F. *Algoritmos numéricos*. Rio de Janeiro: LTC, 2001.

CHAPRA, S. C. Métodos numéricos aplicados com MATLAB® para engenheiros e cientistas. 3e. ed. Porto Alegre: AMGH, 2013.

CLÁUDIO, D. M.; MARINS, J. M. *Cálculo numérico computacional*. São Paulo: Atlas, 1989.

DINIZ-EHRHARDT, M. A.; LOPES, V. L. R.; PEDROSO, L. G. Métodos sem derivadas para minimização irrestrita. *Notas em Matemática Aplicada*, v. 49, 2010.

DORNELLES FILHO, A. A. et al. *Boletim anual mercado formal de trabalho de Caxias do Sul*. Caxias do Sul: Observatório do Trabalho/UCS, 2015.

DOTTO, O. J. A useful note on newton-cotes quadratures. *Revista do Ccet*, v. 1, n. 1, p. 61-66, 1998.

DOTTO, O. J.; DORNELLES FILHO, A. A. Polinômio dos quadrados mínimos condicionado. *Revista Brasileira de Ensino de Física*, v. 28, n. 3, p. 397-401, 2006.

ENZENSBERGER, H. M. *O diabo dos números*. São Paulo: Companhia das Letras, 1998.

FORSYTHE, G. E.; MALCOLM, M. A.; MOLER, C. B. *Computer methods for mathematical computations*. Englewood Cliffs: Prentice-Hall, 1977.

GANDER, W.; GAUTSCHI, W. Adaptive quadrature. *BIT*, v. 40, n. 1, p. 84-101, 2000.

GENERAL ELETRIC DO BRASIL LTDA. *Desempenho em diferentes tensões de utilização de lâmpada incandescente 127 V, 60 W.* [S. l.]: GE, 2012. Disponível em: <www.geiluminacao.com.br>. Acesso em: 20 nov. 2015.

GILAT, A. *MATLAB com aplicações em engenharia.* 4. ed. Porto Alegre: Bookman, 2012.

GILAT, A.; SUBRAMANIAN, V. *Métodos numéricos para engenheiros e cientistas:* uma introdução com aplicações usando o MATLAB. Porto Alegre: Bookman, 2008.

GOLUB, G. H.; LOAN, C. F. V. *Matrix computations.* 3rd ed. Baltimore: Johns Hopkins University, 1996.

GUIDORIZZI, H. L. *Um curso de cálculo.* 5. ed. Rio de Janeiro: LTC, 2001. v. 1.

HAHN, B. D.; VALENTINE, D. T. *Essential MATLAB for engineers and scientists.* 3rd ed. Oxford: Butterworth-Heinemann, 2007.

HALLIDAY, D.; RESNICK, R.; MERRILL, J. *Fundamentos de física.* 2. ed. Rio de Janeiro: LTC, 1991. v. 4.

HILL, D. R.; MOLER, C. B. *Experiments in computational matrix algebra.* New York: Random House, 1988.

INSTITUTO BRASILEIRO DE GEOGRAFA E ESTATÍSTICA. *Censo demográfico 2010.* Rio de Janeiro: IBGE, 2010a. Disponível em: <http://www.ibge.gov.br/home/estatistica/populacao/censo2010/>. Acesso em: 20 nov. 2015.

INSTITUTO BRASILEIRO DE GEOGRAFA E ESTATÍSTICA. *Tábuas completas de mortalidade 2010.* Rio de Janeiro: IBGE, 2010b. Disponível em: <www.ibge.gov.br/home/estatistica/populacao/tabuadevida/2010>. Acesso em: 20 nov. 2015.

JIANG, H. et al. Pyrolysis kinetics of phenol: formaldehyde resin by non-isothermal thermogravimetry. *Carbon*, v. 48, n. 2, p. 352-358, 2010.

KIM, D. *Encyclopedia of optimization.* 2nd ed. Dordrescht: Kluwer Academic Publisher, 2001. v. 1, cap. Carl Friedrich Gauss, p. 191-193.

LAY, D. C. *Linear algebra and its applications.* 4th ed. Boston: Addison-Wesley, 2012.

MATHEWS, J. H. *Numerical methods for mathematics, science and engineering.* 2nd ed. Englewood Cliffs: Prentice Hall, 1992.

MEIJERING, E. A chronology of interpolation: from ancient astronomy to modern signal and image processing. *Proceedings of the IEEE*, v. 90, n. 3, p. 319-342, 2002.

MERRIMAN, M. On the history of the method of least squares. *The Analyst*, v. 4, n. 2, p. 33-36, 1877.

MOLER, C. *Floating points.* [S.l.]: Cleve's Corner, 1996. Disponível em: <www.mathworks.com/tagteam/77489_Fall96Cleve.pdf>. Acesso em: 20 nov. 2015.

MOLER, C. *Numerical computing with MATLAB.* 2nd ed. Natick: Siam, 2008.

MOORE, G. E. Cramming more components onto integrated circuits. *Electronics*, v. 38, n. 8, p. 114-117, 1965.

NAHVI, M.; EDMINISTER, J. A. *Circuitos elétricos.* 4. ed. Porto Alegre: Artmed, 2003.

NORDGAARD, M. A. *A historical survey of algebraic methods of approximating the roots of numerical higher equations up to the year 1819.* Tese (Doutorado) – Columbia University, New York, 1922.

O'CONNOR, J. J.; ROBERTSON, E. F. *MacTutor history of mathematics*. Fife: University of St Andrews, 2015. Disponível em: <wwwhistory.mcs.st-andrews.ac.uk/Mathematicians>. Acesso em: 20 nov. 2015.

OLIVEIRA, N. A corrida continua. *Veja*, v. 38, n. 46, p. 69-71, jul. 2005. Edição especial: Tecnologia.

PASCO SCIENTIFIC. *PASCO physics catalog and experiment guide*. Roseville: PASCO Scientific, 2005.

PRESS, W. H. et al. *Métodos numéricos aplicados:* rotinas em C++. 3. ed. Porto Alegre: Bookman, 2011.

REDDIT. [*Site*]. [S. l.: s. n], c2016. Disponível em: <https://classconnection.s3.amazonaws.com/8/flashcards/3982008/png/airship_hangar-1421FB005B23482CE04-thumb400.png>. Acesso em: 19 jan. 2016.

ROTA de uma boa viagem. *Zero Hora*, 30 nov. 2009, p. 40.

SCAVO. T. R.; THOO, J. B. On the geometry of Halley's method. *The American Mathematical Monthly*, v. 102, n. 5, p. 417-426, 1995.

SCHEINERMAN, E. R. *Matemática discreta*: uma introdução. São Paulo: Thomson Pioneira, 2003.

SMITH, J. M.; VAN NESS, H. C.; ABBOTT, M. M. *Introduction to chemical engineering thermodynamics*. 7th ed. New York: McGraw-Hill, 2000.

SPIEGEL, M. R.; LIPSCHUTZ, S.; LIU, J. *Manual de fórmulas e tabelas de matemática*. 3. ed. Porto Alegre: Bookman, 2011.

SÜLI, E.; MAYERS, D. *An introduction to numerical analysis*. Cambridge: Cambridge University, 2003.

TANS, P.; KEELING, R. *Trends in atmospheric carbon dioxide*. [S. l.]: Earth System Research Laboratory, 2013. Disponível em: <www.esrl.noaa.gov/gmd/ccgg/trends/>. Acesso em: 20 nov. 2015.

TOSCANI, L. V.; VELOSO, P. A. S. *Complexidade de algoritmos*: análise, projeto e métodos. Porto Alegre: Sagra Luzzatto, 2001. (Livros Didáticos, n. 13).

TRIOLA, M. F. *Introdução à estatística*. 7. ed. Rio de Janeiro: LTC, 1998.

TSENG, G. C. Classification and regression tree. In: SALKIND, N. J. (Ed.). *Encyclopedia of measurement and statistics*. Thousand Oaks: Sage, 2007. v. 1, p. 143-145.

WEISSTEIN, E. W. *Halley's method*. [S. l.]: Wolfram MathWorld, 2010. Disponível em: <http://mathworld.wolfram.com/HalleysMethod.html>. Acesso em: 20 nov. 2015.

WIKIPEDIA. *Augustin-Jean Fresnel*. [S. l.]: Wikimedia Foundation, 2015. Disponível em: <en.wikipedia.org/wiki/Augustin-Jean_Fresnel>. Acesso em: 20 nov. 2015.

WIKIPEDIA. *David Brewster*. [S. l.]: Wikimedia Foundation, 2014. Disponível em: <en.wikipedia.org/wiki/David_Brewster>. Acesso em: 20 nov. 2015.

WIKIPEDIA. *Gordon Moore*. [S. l.]: Wikimedia Foundation, 2007. Disponível em: <en.wikipedia.org/wiki/Gordon_Moore>. Acesso em: 20 nov. 2015.

ZEMANSKY, M. W. *Calor e termodinâmica*. 5. ed. Rio de Janeiro: Guanabara Dois, 1978.

# Índice